Das Geheimnis der
QUANTENWELT

Das Geheimnis der QUANTENWELT

Thibault Damour & Mathieu Burniat

Aus dem Französischen übersetzt von Ebi Naumann

KNESEBECK

Titel der Originalausgabe: *Le Mystère du Monde Quantique*
Erschienen bei Dargaud, 2016
Copyright © 2016 Dargaud Paris, Frankreich

Deutsche Erstausgabe
7. Auflage 2024
Copyright © 2017 von dem Knesebeck GmbH & Co. Verlag KG, München
Ein Unternehmen der Média-Participations

Umschlagadaption: Leonore Höfer, Knesebeck Verlag
Produktion und Herstellung: VerlagsService
Dietmar Schmitz GmbH, Heimstetten
Druck: GRASPO CZ, Zlín
Printed in Czech Republic

ISBN 978-3-95728-050-3

www.knesebeck-verlag.de

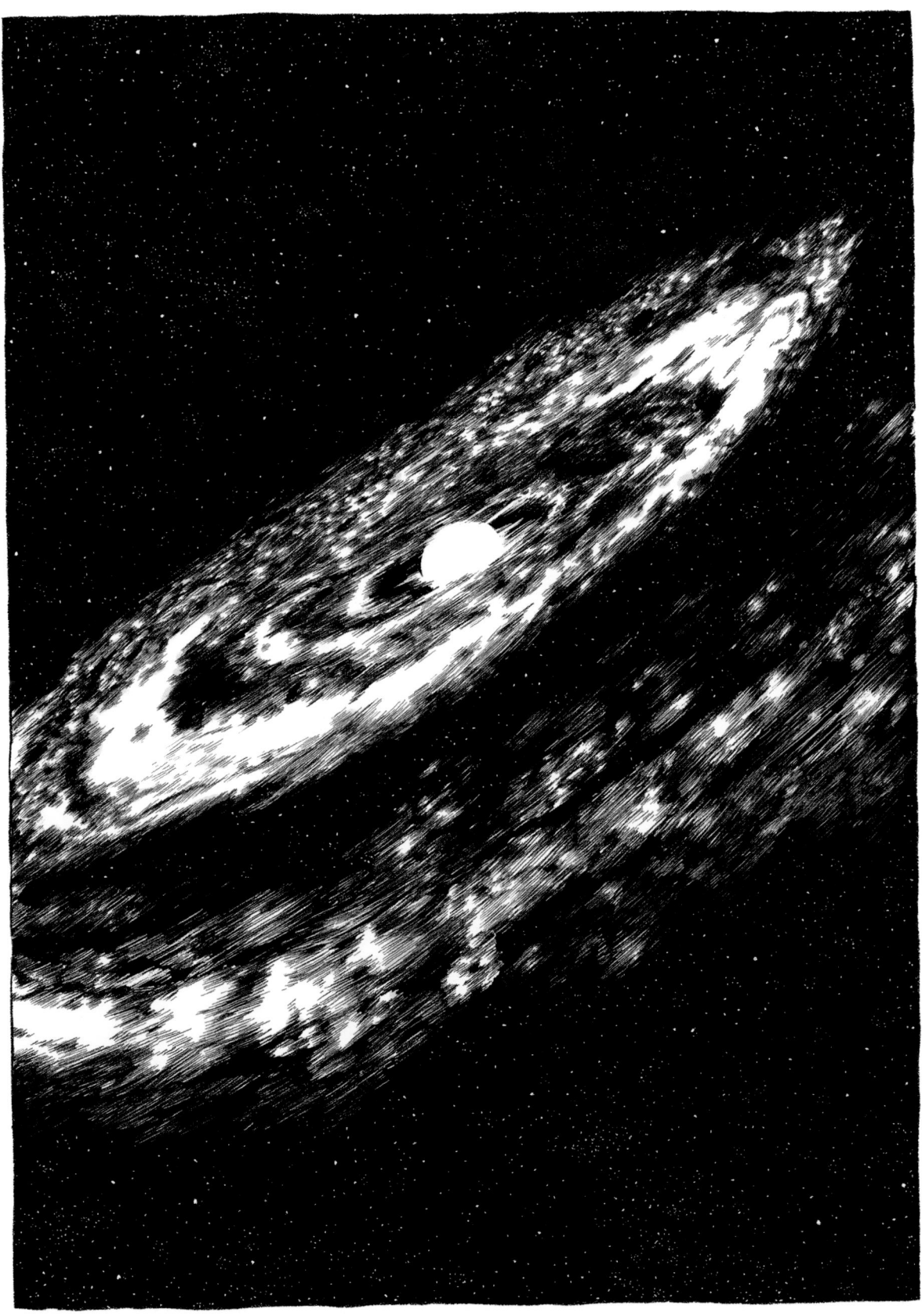

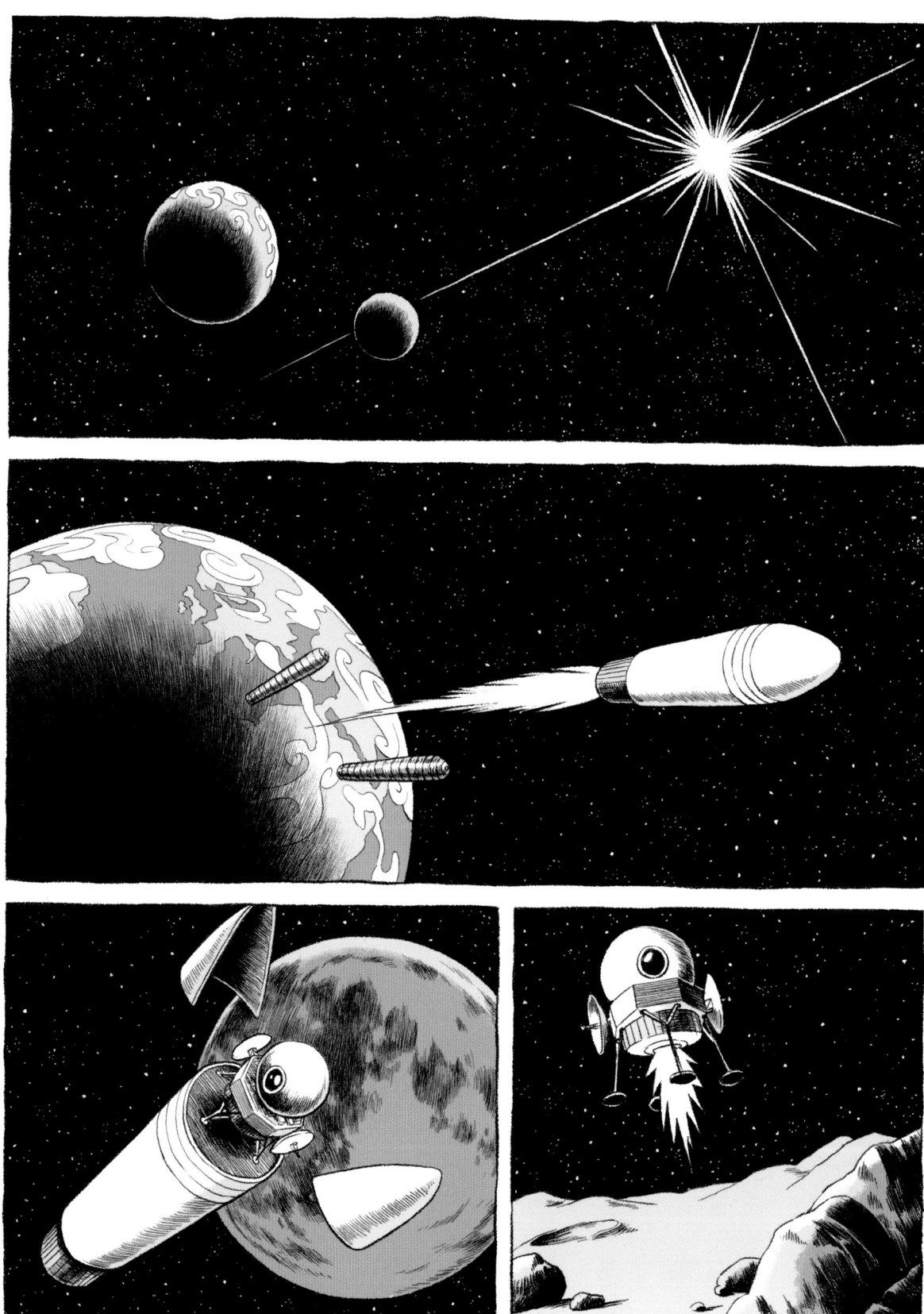

Hallo ESA, hört ihr mich? Rick und ich sind bereit, den Erdtrabanten zu betreten!

Bip

Bip

Hier spricht die ESA. Wir hören euch klar und deutlich, Bob! ...

... Ebenso wie all die Hörer, die dieser Direktübertragung folgen!

Versuch nicht, uns unter Druck zu setzen, Jean-Claude ... Der ist auf dem Mond eh minimal.

Ha ha ha! Alter Schelm.

Toll, wenn ihr uns weiterhin so gut gelaunt an diesem spannenden Abenteuer teilhaben lasst.

Für alle Hörer, die erst jetzt eingeschaltet haben: Bob und Rick sind wieder für uns unterwegs!

Nach »Isotop 14C in der Grabeskirche« ...

»Lobby Arcanum«.

... und »Ermittlung im Rotlicht«

... widmen sich unsere beiden Helden einem ungelösten Rätsel auf dem ... Mond!

Die ganze Welt hält den Atem an und hofft, die Cleverness von Bob und Rick reicht aus ...

Moment mal, Jean-Claude, es sieht ganz so aus, ...

... als stünde Bob kurz davor, die Raumsonde Paloma zu verlassen.

In der Tat, Josiane. Nur wenige Stufen trennen mich noch von den ersten Schritten auf dem Mond!

Verdammt ... Rick?

RiCK?!

Hallo? ...
Hallo? ...

Bob? Was
ist los bei
euch?

Um Himmels
Willen, Was ist
passiert?

Rick! Ein
Meteorit ...
Mein Hund ...

... er
ist tot ...

Rick? ... Bist du das??

Gratuliere! Immerhin kannst du noch logisch denken.

Aber was ist mit »Bob, dem Feuerkopf«? Mit dem ich so viele Abenteuer bestanden und Rätsel gelöst habe?

Na ja ... Ohne dich macht's keinen Spaß mehr ...

Außerdem – bei der augenblicklichen Krise bin ich kaum noch gefragt.

BOB DER ABENTEURER

Genau! Deswegen bin ich zurück! Damit du das ultimative Rätsel lösen kannst!

Das Geheimnis, das sogar die Wahrnehmung der Wirklichkeit selbst verändert!

Eigentlich bin ich mit meiner Wirklichkeit ganz zufrieden ...

Und überhaupt ... Wieso rede ich mit einem toten Hund?

In der Quantenwelt spielen »tot« und »lebendig« keine große Rolle!

18

RÄTSELHAFTE WELT DER QUANTEN
Auf der Suche nach der verlorenen Realität

Die Quantentheorie beschreibt die Welt der Atome. Eine Welt aus Elektronen, Protonen, Photonen und anderen Teilchen. Auch mehr als hundert Jahre nach ihrer Entdeckung gibt sie noch Rätsel auf und überrascht die mikroskopische Welt mit Eigenschaften wie dem Quantensprung oder der Superposition sich ausschließender Realitäten! Die Quantentheorie stellt die Alltagssicht der makroskopischen Welt infrage, in der wir uns bewegen. Um den Fortschritt der Quantenphysik zu diskutieren, treffen sich einige der größten Naturwissenschaftler im Brüsseler Hotel Métropole zur 25. Solvay-Konferenz.

Nebenstehend: Die Teilnehmer der historischen 5. Solvay-Konferenz für Physik (1927)

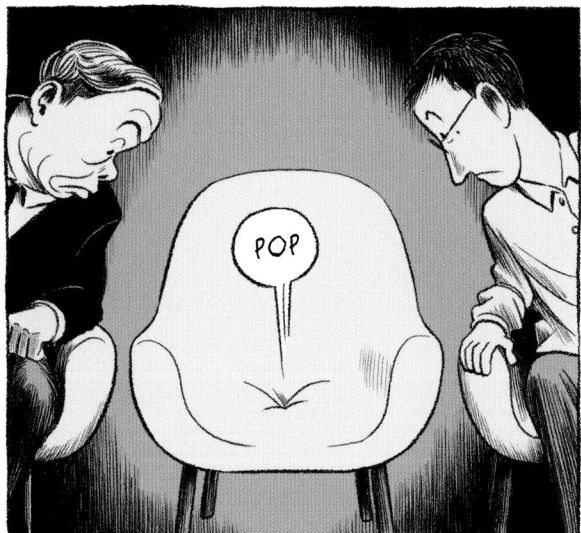

Bitte! Was führt Sie hierher, mein Herr?

Ich war auf einer Konferenz für Quantenphysik, und dann, nun ... hab ich mich irgendwie verlaufen.

Kein Wunder! Die meisten Physiker finden den Weg nicht zurück!

Dann bin ich ja nicht allein!

Und Sie hatten Glück, auf mich zu stoßen.

Ich bin Max Planck.

Ähm ... Bob.

Ich bin es, der fast zufällig das Tor zur Quantenwelt aufgestoßen hat.

Tatsäch-lich?

Mmm ... indem ich 1900 eine neue fundamentale Naturkonstante ent-deckte ...

Eine »Konstante«?

Ja ... Das ist eine Größe, die in den Naturgesetzen auftritt ...

Hoffen wir, dass h seinen Wert beibehält!

Keine Angst – es ist ja eine Konstante.

ihr Wert beträgt 0,000 000 000 000 000 000 000 000 006 6 cm²g/s (Quadratzentimeter mal Gramm pro Sekunde)

Winzig klein!

Größe ist in der Physik relativ.

Wie haben Sie diese Konstante entdeckt?

Meine damaligen Forschungen galten der Frage: Warum ist diese Glut rot, die Sonne jedoch gelb?

Das hängt von ihrer Temperatur ab, oder?

Genau. Diese Glut hat circa 800° und strahlt ein Licht ab, das vorwiegend der Frequenz der Farbe Rot entspricht ...

Wegen ihrer höheren Temperatur (5500°) erscheint die Sonne uns gelb.

← TIEFERE FREQUENZEN HÖHERE FREQUENZEN →

Und das alles haben SIE entdeckt?

Nein! Gewisse Theorien und Experimente legten bereits nahe, wie sich Wärmeenergie ihrer jeweiligen Frequenz zufolge ungefähr ausbreitet.

Aber mit »ungefähr« und »zum Teil« kann man sich nicht zufrieden geben …

… ich suchte nach einer vollständigen Theorie des Strahlungsgesetzes.

Aber … das stell ich mir sehr schwierig vor, so was zu berechnen!

Schließlich muss man den genauen Bau jedes Holzscheits kennen, ihren Abstand voneinander …

Zum Glück kann man das Ganze vereinfachen, indem man so tut, als handelte es sich bei der heißen Materie um elektrische Ladung, die entlang einer Geraden um ein Zentrum schwingt.

Mit anderen Worten: Man gibt den Atomen dieser Glut die Form von OSZILLATOREN.

WiiiZZZZZZ

Einen Oszillator muss man sich wie eine kleine, an einer Feder befestigte Kugel vorstellen.

Indem ich an ihr ziehe, verpasse ich ihr eine gewisse Energie.

Losgelassen beginnt die Kugel mehr oder weniger stark zu schwingen, je nachdem, wie viel Energie sie erhalten hat.

DZOiiiNNNG

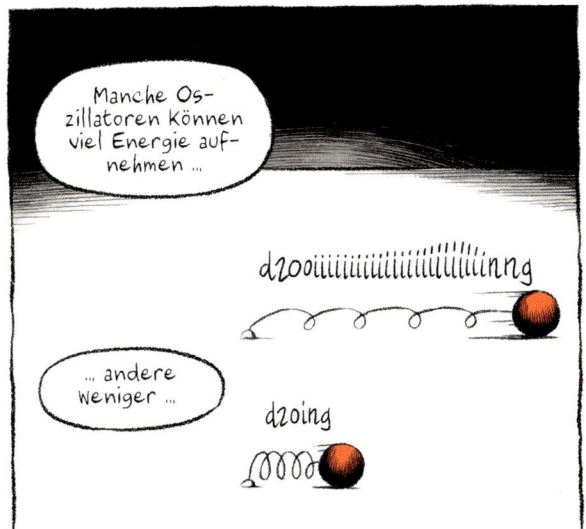

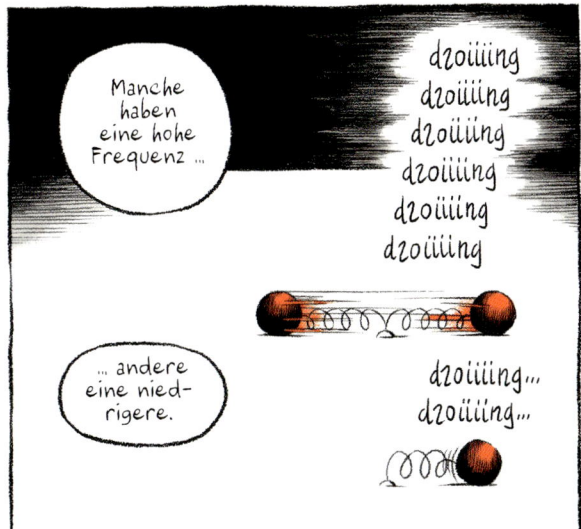

Gut. Stellen wir uns eine Gruppe von 10 Kindern vor — unsere Oszillatoren.

Sie freuen sich schon auf die leckeren Crêpes von Onkel Max.

Die Gesamtenergie der Materie ist diese Packung Puderzucker.

Ich muss sie auf die 10 Kinder verteilen.

Die Schwierigkeit besteht nun darin, DIE SUMME ALLER MÖGLICHKEITEN, DEN ZUCKER ZU VERTEILEN, zu ermitteln. ...

Variante 1

51,04 Gramm für dich ...

2,78 Gramm hier ...

160,9 Gramm dort ...

0,004 Gramm ...

75,33 Gramm

300,02 Gramm

12,72 Gramm

40,48 Gramm

89,75 Gramm

1,46 Gramm

Variante 2

0,034

437,08

15,53

4,102

39,13

138,84

3,657

70,97

1,508

15,26

Etc., etc.

22,77

0,837

160,92

37,112

0,0091

52,48

16,286

3,07

6,035

40,4...

30

Aber ... als Methode erscheint mir das völlig willkürlich!

Denn wie wollen Sie die Größe ihrer Energie-»Würfel« bestimmen?!

indem ich in diesem Moment »h« entdeckte.

ich fand heraus, dass die Größe meiner Energiepakete ...

proportional zur Frequenz der jeweiligen Oszillatoren sein musste.

DZOING DZOING DZOING ZOING ING ZOING ZOING DZOING DZOING DZOING DZOING DZOING DZOING DZOING ...

DZOING ... DZOING ...

Mit diesem Ergebnis führte ich eine neue Naturkonstante ein:

h ist ganz einfach die Beziehung zwischen ...

der Größe der Energiepakete ...

... und der Frequenz der Oszillatoren.

$$h = \frac{\varepsilon}{f}$$

Also meine berühmte Formel: E=hf!

Wow! Beeindruckend!

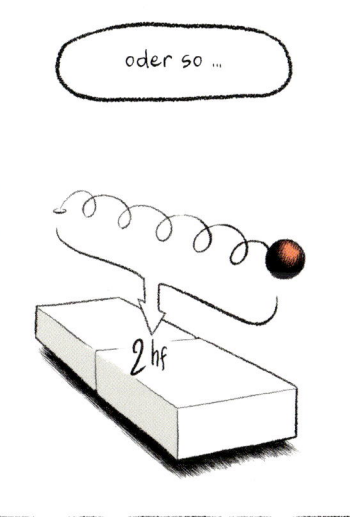

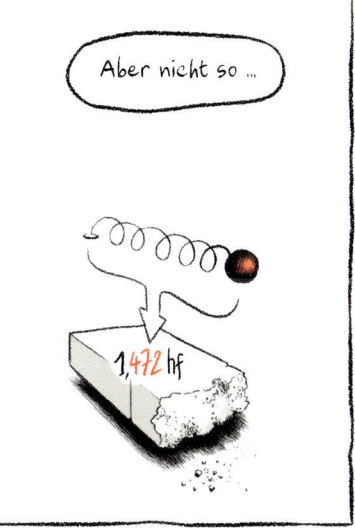

Ahaaa!
Sehr gut.

Dann kennen Sie ja sicher Plancks Berechnungsmethode, bei der er so tut, als segmentiere er die Energie der Materie?

Ja, ja ... Die Zuckerwürfel ... Gar nicht so übel, oder?

Das ist stark untertrieben! Ein absoluter Geniestreich!

Und weiter?

Planck sagt, er wollte mit dieser Methode besser zählen können und habe darin keine Beschreibung der Realität gesehen.

Es fällt ihm schwer, zuzugeben, dass die Energie der Materie WIRKLICH in kleine Pakete verpackt ist!

Daran ist nichts fiktiv!

Soll das heißen, die Oszillatoren von Planck können NUR im Energiezustand 1 hf, 2 hf, 3 hf existieren ...

1^{hf} 2^{hf} 3^{hf}

... und nicht, zum Beispiel, im Zustand 2,37 hf?

$2,37^{hf}$

Exakt ... Damit nicht genug: Meine Entdeckung beschränkt sich nicht auf die fiktiven Oszillatoren, die Planck als Modell der Wärmestrahlung benutzt hat ...

ich rede von JEDER MATERIE, die schwingen oder vibrieren kann!

Wie das?

Auch die Schaukel ist ein Oszillator!

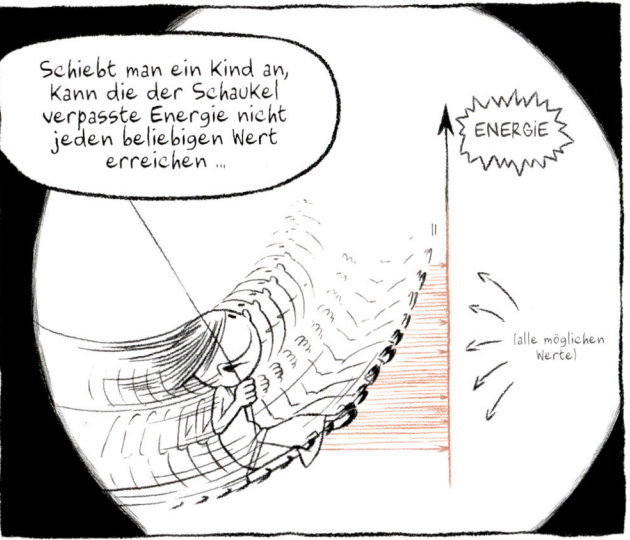

Schiebt man ein Kind an, kann die der Schaukel verpasste Energie nicht jeden beliebigen Wert erreichen ...

ENERGIE

(alle möglichen Werte)

... sondern nur bestimmte Stufen!

ENERGIE

3 hf

2 hf

1 hf

0 hf (Still-stand)

Die Energie verläuft nicht KONTINUIERLICH, sondern DISKONTINUIERLICH.

Das bedeutet, dass man beim Schaukeln nicht jede beliebige Höhe erreichen Kann??

Genau. Da es sich aber um einen makroskopischen Os-zillator handelt, kann man es nicht sehen. Verstehen Sie?

Egal ob makro- oder mikro-skopisch - Oszillatoren Können sich nur in QUANTISIERTEN Energie-zuständen bewegen!

Jetzt begreife ich den Ursprung des Wortes »Quan-ten« ...

Sie deuteten an, Planck habe noch andere Vorurteile ...

Oh ja ...

Wie die meisten Physiker ist Planck davon überzeugt, Licht müsse eine WELLE sein, die sich im Raum bewegt.

Einige Experimente lassen das tatsächlich vermuten ...

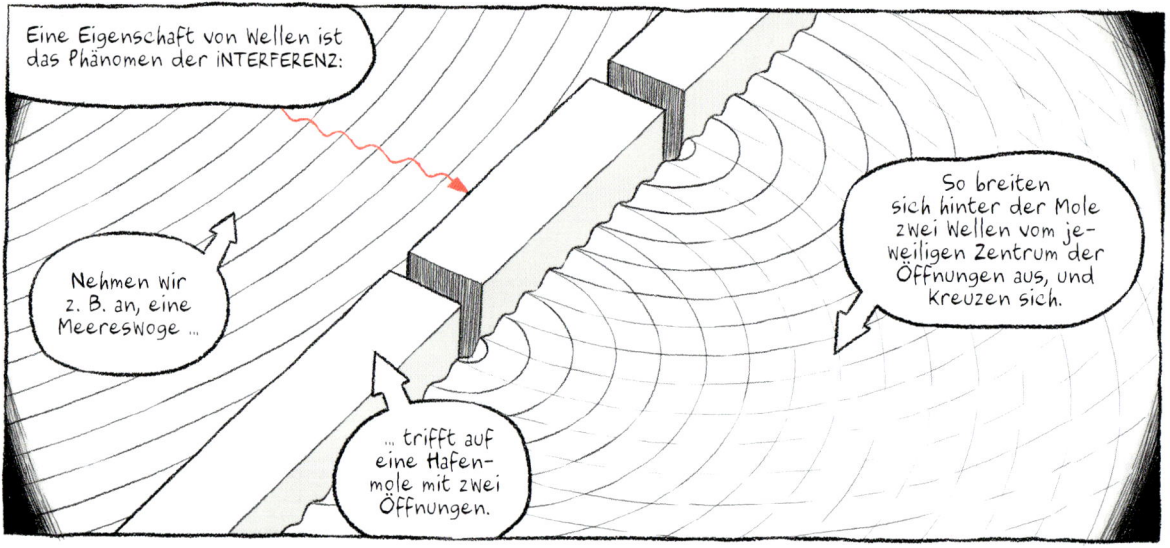

Eine Eigenschaft von Wellen ist das Phänomen der INTERFERENZ:

Nehmen wir z. B. an, eine Meereswoge ...

... trifft auf eine Hafen-mole mit zwei Öffnungen.

So breiten sich hinter der Mole zwei Wellen vom je-weiligen Zentrum der Öffnungen aus, und kreuzen sich.

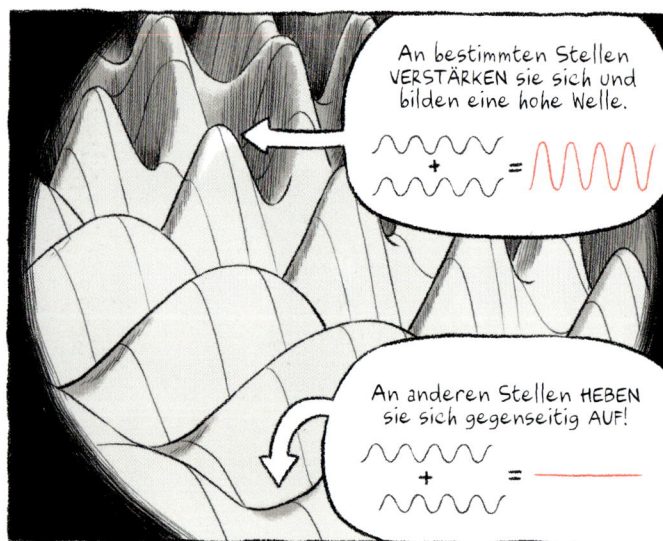

An bestimmten Stellen VERSTÄRKEN sie sich und bilden eine hohe Welle.

An anderen Stellen HEBEN sie sich gegenseitig AUF!

Genau solche inter-ferenz-Phänomene zeigt auch das Licht ...

klick

Niels Bohr, der brillante dänische Physiker.

Dieser gute Mann hatte die Idee, »h« in die STRUKTUR DER ATOME einzuführen.

Unter »Atom« verstehen Sie »Materie-Korn«?

Genau! Die Atome als unsichtbare Bausteine, aus denen sich alle Materie zusammensetzt.

Kann man sie beobachten?

Nein, die Atome sind zu klein. Daher auch die Schwierigkeit, Struktur und Verhalten zu beschreiben.

Vor Niels Bohr wussten wir nur, dass Atome mehr oder weniger Elektronen und Protonen enthielten, je nach ihrer Masse.

Und was hat Niels Bohr entdeckt?

1913 befasste er sich mit dem einfachsten Atom, das nur ein Proton und ein Elektron enthält,

dem Wasserstoff.

45

Zunächst nahm er an, die Energie des Atoms könne nur DISKONTINUIERLICHE Werte haben ...

Energie von Wasserstoff

E_5
E_4
E_3
E_2
E_1
0

Wie die Oszillatoren?

Ja.

Dann schlug er vor, diese Idee aus der Quantenphysik mit der KLASSISCHEN Physik zu verbinden.

Was bedeutet das für ein Atom?

Bohr vermutete, das einzige Elektron des Wasserstoffatoms umkreise das zentrale Proton auf bestimmten Bahnen.

Energie 1
Energie 2
Energie 3

Und weil er davon ausging, die Energie der Atome verliefe diskontinuierlich, seien diese Umlaufbahnen festgelegt:

Sie sind hier ...

oder da ...

E_1
E_2
E_3

... aber nicht dazwischen.

Das hieße also, ein Atom ist wie ein Sonnensystem, in dem die Elektronen einen Kern umkreisen?

Nur dass eine solche Darstellung nicht zutreffen kann ...

Ein solches Modell wäre völlig instabil!

Ein Elektron auf einer kreisförmigen Umlaufbahn würde Licht emittieren wie alle beschleunigten geladenen Teilchen.

Und würde schnell an Energie verlieren.

Stellen Sie sich vor, das Elektron sei ein niedrig fliegender Satellit ... Beim Umkreisen der Erde unterläge er der atmosphärischen Reibung. Seine Flugbahn würde immer niedriger, bis er auf die Erde fiele!

Womit ist ein Atom dann vergleichbar?

Das weiß man noch nicht.

Aber es gilt als sicher, dass die Formel, die Bohr für die Umlaufbahn des ersten Energieniveaus gefunden hat, uns der Frage nach der Größe der Atome näher bringt!

E_1

Klick

Und da die Struktur der Welt um uns herum von der Größe eines jeden Atoms abhängt, basiert das AUSSEHEN UNSERER WELT AUF DER EXISTENZ DER KONSTANTE h!

Kleine Ursache, große Wirkung!

Bohr beließ es nicht bei dieser Beschreibung.

Er nahm auch an, dass die Atome von Zeit zu Zeit SPRUNGHAFT ihren Zustand wechseln ...

Zum Beispiel von Energie 2 in Energie 1

E_1

E_2

Woran liegt es, dass ein Atom so von einem Zustand in einen anderen springt?

Das weiß man nicht!

Na hör'n Sie mal man weiß weder, wie ein Atom aussieht, noch, wie und warum es den Zustand wechselt?!

Exakt. Darum schlug ich eine völlig abstrakte Möglichkeit vor, um das Verhalten eines Atoms zu beschreiben!

Wenn ... diese Tabelle Wahrscheinlichkeiten darstellt ... heißt das, Sie haben den Zufall in die Beschreibung eines Atoms eingebaut?

Richtig!

In Ermangelung einer Erklärung für die Zustandsveränderungen, rate ich Gott, VORÜBERGEHEND DOCH ZU WÜRFELN!

Ihre Tabelle ist also nicht nur abstrakt, sondern beinhaltet zudem nur Aussagen über zufällige Ereignisse!

Stimmt. Trotzdem ist sie die erste Beschreibung der Zustandsveränderungen eines Atoms.

Und diese Beschreibung, so seltsam sie ihnen auch vorkommt, hat mir erlaubt, mehr über die Lichtquanten zu erfahren ...

Welcher Zusammenhang besteht zwischen Atomen und Lichtquanten?

Ich wusste bereits, dass ein Atom sich unregelmäßig bewegt, wenn man es thermischer Lichtstrahlung aussetzt ...

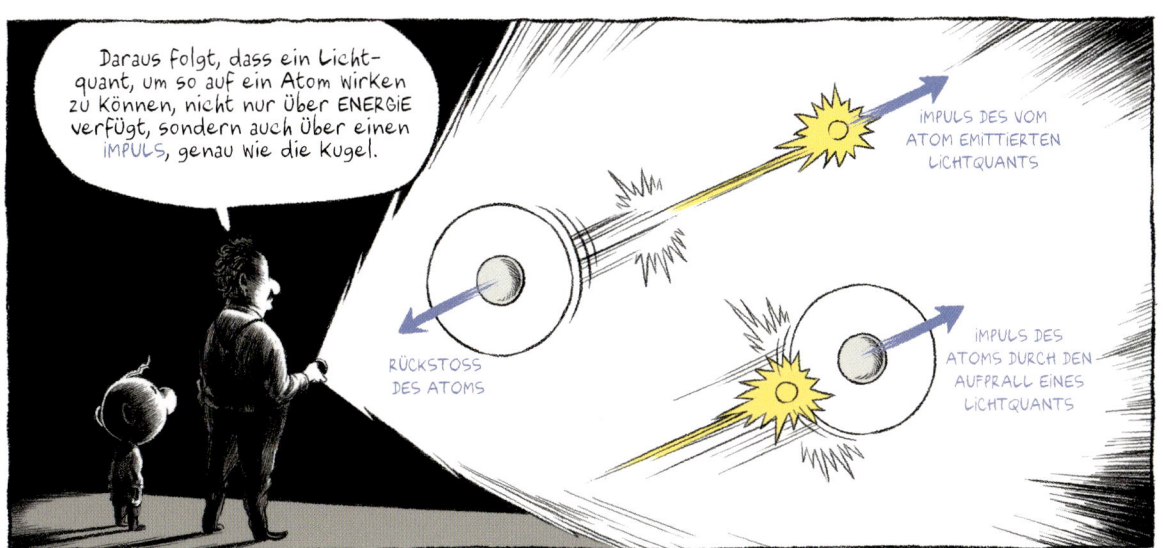

Einstein hat mir gesagt, dass Sie das Rätsel der Quantenwelt lösen wollen ... Keine leichte Aufgabe!

Genau das habe ich meinem ausgestopften Hund auch gesagt.

Nun gut. Bis wo genau sind Sie mit Monsieur Einstein gekommen?

Er hat mir erklärt, dass man Licht vor ihm als Welle betrachtet hat ...

... dass er jedoch Hinweise darauf gefunden hat, dass es auch aus Teilchen besteht.

Und diese haben sowohl ENERGIE als auch einen IMPULS.

Sehr gut ... Und das zu behaupten, war mutig!

Dann kam ich auf die Idee, Einsteins These umzukehren!

in- wiefern?

Einstein sagt, dass man den Lichtwellen TEILCHEN hinzufügen muss.

ich schlug vor, den Materie- teilchen ... WELLEN hinzuzufügen!

?

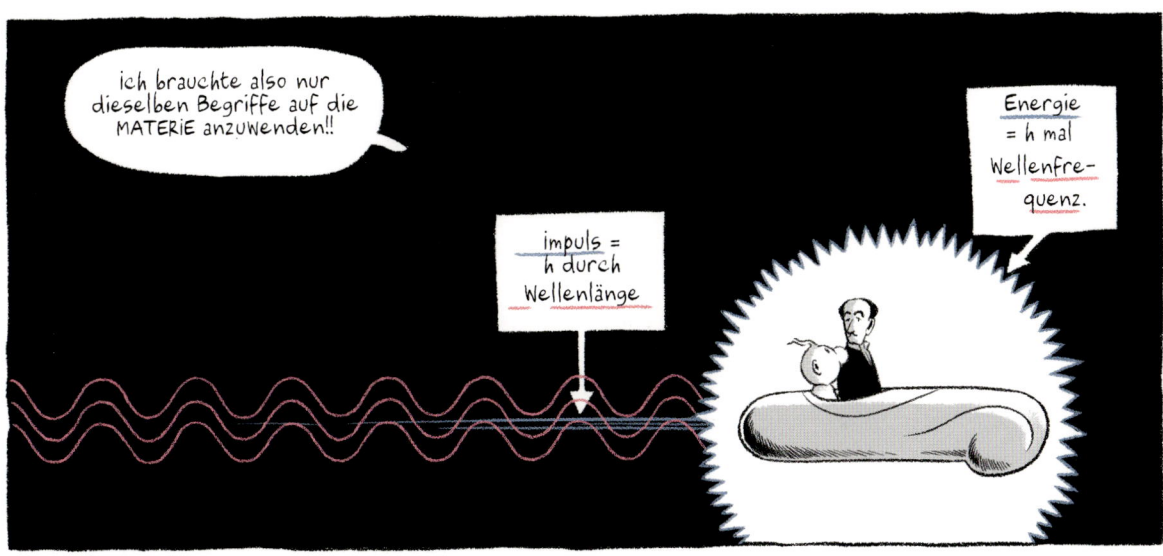

Schauen Sie, der Grundgedanke besteht darin, dass das Elektron, das den Kern umkreist, von einer Materiewelle »geleitet« wird.

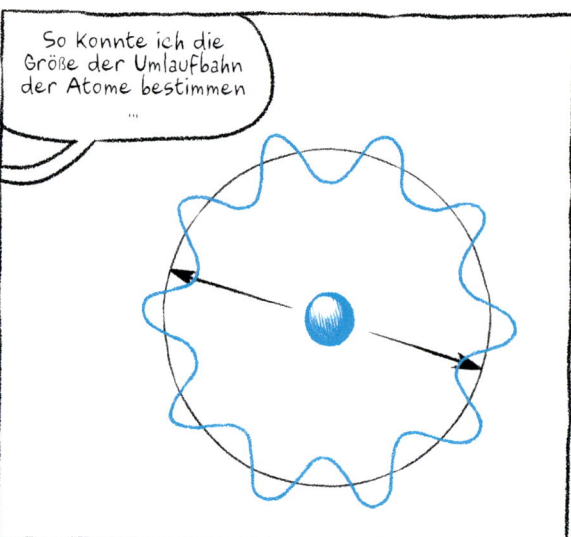

Danke, dass Sie sich die Zeit genommen haben, mir ihre Arbeiten zu erklären.

Keine Ursache.

Wen würden Sie als Gesprächspartner für weitere Recherchen empfehlen?

Nun ja ... ich habe da von einem 23-jährigen deutschen »Wunderknaben« gehört ...

Er hat das Glück, mit großen Physikern wie Bohr, Sommerfeld und Born zu arbeiten ...

Sein Name ist Werner Heisenberg.

Wo kann ich ihn finden?

Ich fürchte, da kann ich ihnen nicht helfen.

Viel Glück, junger Freund!

KLACK

Oh Mann! Und jetzt?

h

RICK!?

Du scheinst dich ja SEHR zu freuen, mich zu sehen!

Gott im Himmel ... Du ... ... du bist auferstanden!?!

Gott hat damit wenig zu tun! Das verdanke ich allein der Quantenwelt!

Ganz offenbar verstehe ich noch sehr wenig von deiner Quantenwelt ...

KRATZ KRATZ

Allerdings fällt mir auf, dass hier seltsame Dinge geschehen ...

zzzzzzzzzzz

Dabei reden die Physiker, die ich getroffen habe, immer nur von mikroskopischen Phänomenen!

Was verschlägt Heisenberg auf diese verlorene Insel??

Den Ärmsten plagt ein schrecklicher Heuschnupfen. Auf Helgoland genießt er die Seeluft und die Abwesenheit von Blumen.

Diesem Aufenthalt Heisenbergs hat die Quantenphysik einen ihrer größten Wendepunkte zu verdanken!

Also habe ich den Klassischen Begriff des ORTES des Elektrons ...

durch eine erste Tabelle unendlich vieler Zahlen ersetzt.

Das ist die Tabelle [q].

Danach habe ich dasselbe mit dem IMPULS gemacht.

Daher diese zweite Tabelle, die ich [p] genannt habe.

So ganz versteh ich das nicht ...

Das ist schon sehr abstrakt!

Diese Tabellen liefern alle Ergebnisse, die Planck und Einstein über die Energiezustände linearer Oszillatoren rausgefunden haben!

Und mehr noch! Sie treffen auch zu, wenn ich sie auf eine komplexere Bewegung anwende als die eines einfachen linearen Oszillators.

... Auf ein Atom zum Beispiel?

Ja. ich habe eine neue Methode entdeckt, sowohl die Quantenzustände der Atome zu berechnen als auch den Übergang zwischen zwei Zuständen.

Was mich fasziniert, ist, dass dank dieses algebraischen Formalismus das Geschehen im Atom nicht mehr visualisiert werden muss! ...

... Alles ist da!!

Und hopp!

Sieht so aus, als hätte ich Sie vor MEER bewahrt! Ha ha!

Uiih ... Schnief

Können Sie mir verraten, was Sie zwischen meinen Fischen treiben?

Wenn ich das nur wüsste! ich fühl mich irgendwie daneben ...

Hört sich nicht sehr lebenslustig an! Hoffentlich war es kein Fehler, Sie da rauszufischen?

Nein, nein ... ich hab mich nur auf ein Quanten-abenteuer eingelassen, um zu versuchen, die Wahrheit über unser Universum zu verstehen ...

Ha! Wenn's mehr nicht ist!

Bis jetzt waren die Erklärungen, die man mir gab, mehr oder weniger konkret ... fast greifbar.

ich hatte das Gefühl, bei meiner Suche weiter-zukommen ...

... bis ich auf Heisen-berg traf.

Die unendlichen Tabellen!

Ja.

Außerdem hab ich meinen Hund verloren, Rick.

Ich hielt ihn für tot. Aber dann war er wieder lebendig, keine Ahnung wie ...

... Dank der »Kraft der Quanten«, meinte er.

Hören Sie, für ihren Hund kann ich nicht viel tun.

Aber was ihre Suche betrifft, kann ich ihnen sicher weiterhelfen.

Ich habe von Heisenbergs Entdeckung Wind bekommen. Ich bin selbst Physiker.

Erwin Schrödinger.

Na Prost.

Falls es Sie beruhigt - diese transzendente Matrizenalgebra macht auch mir Angst.

Ach?

Auch wenn seine mathematischen Ergebnisse stimmen - Heisenberg weigert sich, zu erfassen, was dahintersteckt.

Seiner Theorie zufolge ist das unendlich Kleine abstrakt und undurchdringlich.

Ich habe mich für einen anderen theoretischen Weg entschieden.

Sie ... Sie haben eine intuitivere Art gefunden, um den Aufbau der Atome zu beschreiben?

Als Folge von Einsteins eindringlichen Bemerkungen habe ich de Broglies idee noch mal untersucht ...

Die, jedem Materieteilchen eine Welle zuzuordnen?

Ja! De Broglie hatte da eine geniale idee, aber hat sie nicht vollständig entwickelt.

in-wiefern?

Nehmen wir ein x-beliebiges Wellensystem ... Wie die Wellen, die sich auf der Wasseroberfläche bilden, wenn ich einen Stein reinwerfe ...

Was sehen Sie?

Ähm .. hmm ... Wellen, die sich kreisförmig um den Aufschlagspunkt des Steins ausbreiten.

Nun ja, aber wenn Sie die Wellenbewegung näher betrachten, werden Sie sehen, dass die Sache nicht ganz so einfach ist ...

Diese Wellen breiten sich nicht überall gleich schnell aus ...

Genauer gesagt - ihre Geschwindigkeit hängt von der Wellenlänge ab.

Je länger die Wellen, desto schneller.

SCHNELLER

LANGSAMER

Außerdem ist das Wellensystem direkt um den Berührungspunkt herum im Moment des Aufpralls ...

PLATSCH

... ein Wirrwarr aus VERSCHLUNGENEN WELLEN.

Ach? Dabei scheinen mir die Wellen, wie sie sich auf uns zubewegen, sehr geordnet zu sein ...

Genau darauf wollte ich hinaus ...

Das Wellensystem hat sich auf seinem Weg ganz von allein in eine Folge von Wellen AUFGELÖST, die sich in der Ebene ausbreiten.

Das liegt daran, dass das Wirrwarr am Ort des Aufpralls durch die ÜBERLAGERUNG unendlich vieler einfacher ebener Wellen entsteht.

inwiefern hat ihnen diese Beobachtung erlaubt, die Ideen von de Broglie weiterzuentwickeln?

Die mathematische Formel dieses brillanten Mannes verband die Geschwindigkeit der ebenen Materiewellen mit ihrer Wellenlänge ...

Das, lieber Freund, ist die Notation, die ich gewählt habe, um die Welle zu bezeichnen, die mit allen materiellen Systemen verbunden ist.*

Soll das heißen, mit egal welchem Materieteilchen, z. B. einem Elektron in einem Atom?

Das dachte ich zumindest, als ich meine Arbeit begann ...

Dann begriff ich sehr schnell, dass ich nicht EINE Welle Ψ mit jedem einzelnen Teilchen assoziieren musste, sondern mit der GESAMTHEIT ALLER TEILCHEN, die das jeweilige System bilden!

Jetzt verliere ich endgültig den Faden.

Ein Beispiel: Nehmen wir das einfachste Atom neben Wasserstoff ... HELIUM!

Das Heliumatom besitzt zwei um den Kern »kreisende« Elektronen.

Einfach mal angenommen, der Kern wäre ein einziges Teilchen ...

... dann wäre das Heliumatom ein System aus drei Teilchen.

* Ψ ist der griechische Buchstabe »Psi«.

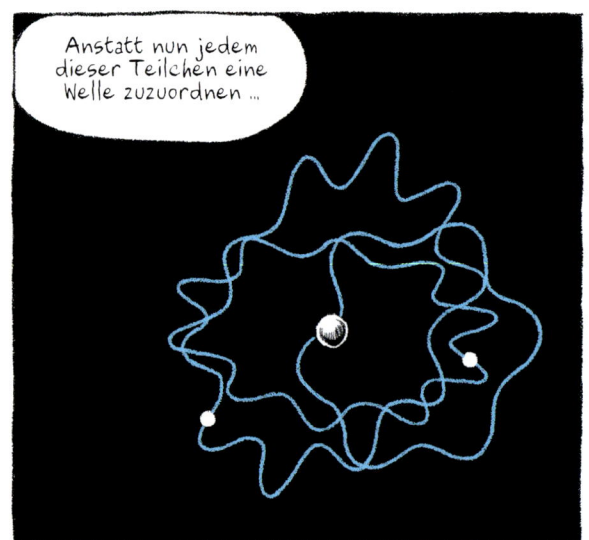

Los geht's mit der Planck-Einstein Relation E=hf ...

... ich füge »i«(die mathematische Bezeichnung für die imaginäre Zahl, deren Quadrat – 1 ergibt) hinzu ...

... Würze das Ganze mit der Zahl π und einer Ableitung nach der Zeit t ...

ich ersetze E durch H (die Gesamtenergie des Systems, ausgedrückt als Funktion der Variablen p und q) ...

$$i\frac{h}{2\pi}\frac{\partial}{\partial t}\Psi = \hat{H}\Psi$$

Und bitte sehr! Dort sehen Sie DIE Formel, die, wie ich hoffe, das Geheimnis der Quantenwelt endgültig löst!

Das Ganze ist nicht leicht zu schlucken.

ich werde ihnen das Rezept aufschreiben.

Danke, sehr nett ...

Genauer gesagt: mir gelang es, meine Gleichung auf das Wasserstoffatom anzuwenden!

Und – oh Wunder – ich ermittelte genau dieselbe Folge diskontinuierlicher Energieniveaus wie Bohr!

E_1 E_2 E_3

Das Elektron ist eine Welle und nichts als eine Welle. Und nicht, wie de Broglie behauptet, gleichzeitig eine Welle und ein Teilchen.

Und diese Welle, WIE SIEHT SIE AUS?

Nimmt man z. B. den Zustand 1, den mit der niedrigsten Energie, ...

hat die Elektron-Welle nichts von der Struktur einer Welle, die in endlicher Distanz um den Kern kreist ...

... sie schwingt in der Zeit, wobei sie ihre Form im Raum beibehält!

in etwa wie die Schwingung einer Trommel, deren Fell in der Mitte angeschlagen wird.

Diese Welle hat in jedem Moment die Form einer sphärischen Wolke, deren Dichte rapide abnimmt, sobald man sich vom Atomkern entfernt.

Die Amplitude im Zentrum dieser Wolke schwingt im Lauf der Zeit.

SCHRÖDINGERS ATOM

Wellen, die schwingen, ohne sich zu bewegen ... Das hat nichts mit Bohrs Idee eines Elektrons zu tun, das um einen Kern kreist!

In der Tat! Vor Kurzem konnte ich sogar zeigen, dass meine Theorie erlaubt, die unendlichen Tabellen Heisenbergs wiederzufinden!

Und das ist noch nicht alles! Ich eliminiere auch die zufälligen Quantensprünge zwischen den Energiezuständen! ...

Ebenso wie die Existenz lokalisierbarer Teilchen!!

Alle diese Begriffe ersetze ich durch eine Beschreibung der MATERIE als KONTINUIERLICHES WELLENPHÄNOMEN!

Aber ... Wenn ich Sie richtig verstehe ... Wenn Sie den Zufall eliminiert haben ...

ist es dann wieder möglich, das Verhalten eines Atoms vorherzusagen?

Ja, ich hoffe, auf dem Weg zu einer deterministischen Vision der Quantenphysik zu sein.

Aber es bleibt noch sehr viel zu beweisen ...

Z. B. müsste ich meine Idee (wo sie sich nicht auf die Materie bezieht) zu einer Formel ausweiten, die auch die Quantenaspekte des LICHTS erklärt.

Außerdem stehe ich eindeutig im Widerspruch zu vielen meiner Zeitgenossen ...

Apropos Zeitgenossen ...

Ich bin gerade auf dem Weg, um mit einigen von ihnen darüber zu reden, was die Quantenphysik über unsere Realität aussagt ...

Das verspricht spannend zu werden! Wollen Sie mich begleiten?

Sehr gern!

Dann nichts wie los!

?

91

Was? Du kennst nicht den berühmten Max Born?

Nun mal nicht übertreiben!

Aber ja doch! A Star is »Born«!

Hihi.

Ah! Nicht übel!

Sehen Sie! Er ist froh, dass der »Star« ihre Ideen ablehnt!

Max Born ist nicht einverstanden mit meiner Idee, die Quantenwelt sei rein WELLENARTIGER Natur.

In der Tat! Schrödinger meint, man könne die WIDERSPRÜCHE und SPRÜNGE der Quantenwelt einfach ignorieren.

So, wie z. B. die Quantensprünge von einem Energieniveau zum anderen ...

... oder die Teilchennatur der Materie!

Sie lehnen die Schrödinger-gleichung ab?

Ganz und gar nicht!

Ich bin nur nicht einverstanden damit, wie er sie in Bezug auf unsere Realität interpretiert!!

ich habe mir z. B. angeschaut, was Schrödingers Vision für die Kollision eines Elektrons mit einem Atomkern bedeutet ...

Diese Kugel repräsentiert unser Elektron.

Und die da den Atomkern.

Mit der klassischen Physik kann ich berechnen, wie die beiden Kugeln aneinanderstoßen werden.

Man muss nur die Bahn kennen und die Geschwindigkeit, die ich dem Elektron mitgebe.

Hopp! Treffer! So wie berechnet.

Schöner Stoß!

Aber ... Bis jetzt hieß es doch, das Elektron sei KEIN klassisches Objekt wie diese Billardkugeln, sondern so etwas wie ... ein ... Ding, dessen Natur rätselhaft bleibt!

Sehr wahr! Nehmen wir also Schrödingers Idee auf, das Teilchen durch ein sich wellenförmig ausbreitendes Elektron zu ersetzen ...

Da, glaube ich, versagt Schrödingers Theorie … Er hat nur den Fall STATIONÄRER Wellen berücksichtigt, die sich innerhalb eines Atoms bilden.

Elektron

Aber er hat nicht den Fall eines Elektrons in BEWEGUNG er-wogen, bei dem der Teilchencharakter erscheint.

Bip

Das heißt, Sie lehnen die Schrödingergleichung nicht ab …

sondern wenden sich nur gegen deren Interpretation durch ihren Schöpfer?

Seinen Schluss, die Materie bestün-de ausschließ-lich aus Wellen?

So ist es.

Was aber sagt uns diese Glei-chung über die Wirklichkeit?

Schließlich bringt sie eine Welle Ψ ins Spiel?!

Um das zu beantworten, würde ich gern bei einer Aussage Einsteins ansetzen …

Als er über die Lichtquanten arbeitete, sagte er mir öfters, er denke, die Wellen dienten nur dazu, die Quanten zu LENKEN.

Stimmt … ich sprach von einem »Gespensterfeld«, das die Wahrscheinlichkeit bestimmt, dass ein Quant diesen oder jenen Weg nimmt.

Nun, ich glaube, dass es sich im Fall der Materie auch bei Schrödingers Welle Ψ um ein solches Gespensterfeld handelt …

Und auf welchen Detektor es trifft ...

BIP

Na, hören Sie mal! Die Amplitude der Welle Ψ war hier am größten!

ich nahm an, das Elektron würde hier auftauchen!

Die Chancen, dort aufzutreffen, waren in der Tat größer.

Aber es gab auch eine kleine Wahrscheinlichkeit, auf dem Detektor zu landen, für den es sich letztlich entschieden hat.

1% Wahr...

25% Wahrscheinlichkeit

2% Wahrscheinlichkeit

5% Wahrscheinlichkeit

Vielleicht fasse ich meine These folgendermaßen zusammen:

Die Bahn der Teilchen folgt den Regeln der WAHRSCHEINLICHKEIT ...

... Aber die Wahrscheinlichkeit selbst breitet sich aus nach den Regeln der KAUSALITÄT!!!

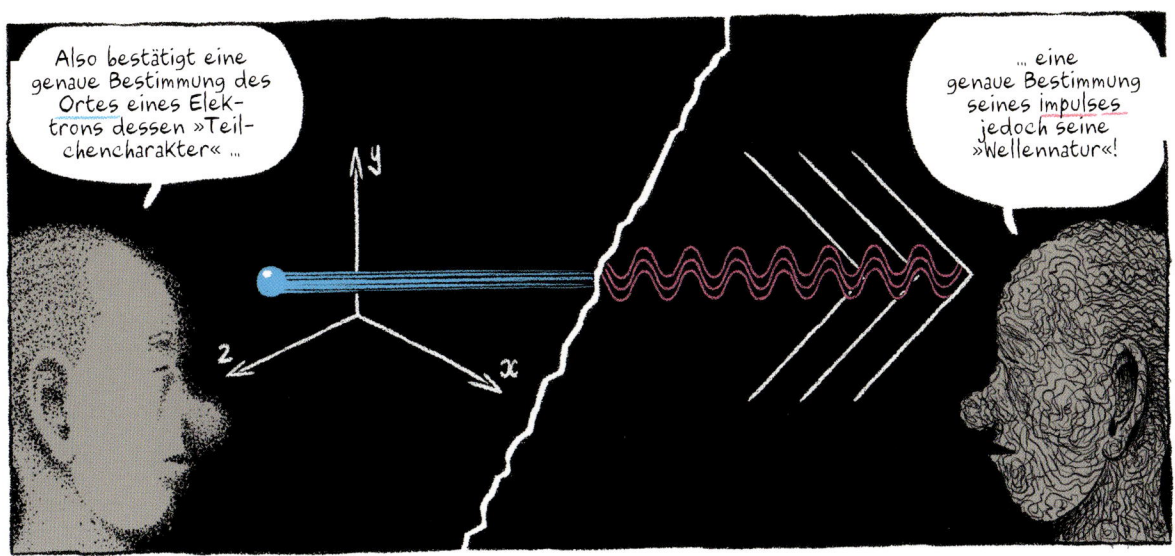

107

Hör mal, Rick!

Wirklich super, mich hierherzuschicken!

Nur um von diesen Herren zu erfahren, dass die Quantenphysik nichts über die Realität des Universums aussagt.

Ich verstehe ihren Ärger, mein Herr.

Bohr und Born sehen weiter jedes Infragestellen der Realität der Quanten als eine Ketzerei an, die bekämpft werden muss!

Sie meinen, man müsse die Idee einer objektiven Quantenwelt aufgeben ... Diese positivistische Philosophie ist absurd!

Dabei haben Sie sie benutzt, um die Relativitätstheorie zu begründen!

Ja, aber nur, um die Theorie aufzustellen, nicht, um zu verstehen, was sie uns über die reale Welt sagt!

Born meint, die Quantenphysik sei auf Zufall gegründet ...

... Dazu sage ich nur: Gott würfelt nicht!

Bohr sagt uns, ein Teilchen sei nur im Moment der Beobachtung lokalisierbar ...

Ich glaube lieber, dass der Mond auch dann existiert, wenn man ihn nicht sieht!

ich habe sehr schnell begriffen, dass ich nicht EINE Welle Ψ mit jedem einzelnen Teilchen assoziieren musste sondern mit der GESAMTHEIT ALLER TEILCHEN, die das jeweilige System bilden!

Sollte etwa der Blick einer Maus das Universum grundlegend verändern können??

Es gibt keine Quantenwelt, sondern nur Quantenphänomene. Das heißt, Resultate von Beobachtungen.

Mein Name ist Hugh Everett, Student am Graduate College in Princeton ...

Seit einigen Monaten versuche ich zu verstehen, was die Quantenphysik über unsere Wirklichkeit aussagt ...

Und in diesem Moment, glaub ich, habe ich die Antwort.

Hörst du das, Rick?

Wir sind ganz Ohr!

Kennen Sie Schrödingers Katze?

Nun ...

Wie Einstein dachte Schrödinger, man könnte die Quantenphysik nicht auf die makroskopische Welt anwenden.

Und wie Einstein war ihm klar, dass seine Welle Ψ in Bezug auf die Realität Lücken aufwies.

h

Schrödinger entwarf sein Gedanken-experiment mit der Katze, um eine dieser Lücken auf-zuzeigen.

Um ihnen meine Idee zu erklären, müssten wir dieses berühmte Experiment durchführen.

Das Problem ist – ich habe keine Katze zur Hand ...

Ich spring ein!

Da ... Nach 5 Minuten beschreibt die EINE Welle die Situation so, als wäre ein Atom zerfallen ...

HUST ARRRGH

die ANDERE Welle beschreibt die Situation, als wäre das nicht geschehen.

RAAAAAAAAAAA...

Ha ... ha ha ...

Toll, ihre kleine Show. Ich bin beeindruckt.

Ein Rick lebt, ein Rick ist tot ...

Super!

Und absolut absurd!

Genau diese Absurdität wollte Schrödinger anprangern, indem er das Experiment vorschlug, das wir gerade gemacht haben.

Dann ist es ja gut! Wenn ich jetzt bitte meinen Hund wiederhaben könnte ...

... in einem Stück ...

KRATZ
KRATZ
KRATZ

Unser kleines Experiment geht noch weiter, my dear.

Wissen Sie, was eine Komplexe Zahl ist?

Oh, dieser Begriff ... ich weiß nicht so recht ...

Es ist eine Kombination a+ib, wobei »i« die (imaginäre) Wurzel aus –1 darstellt.

Ja, genau...

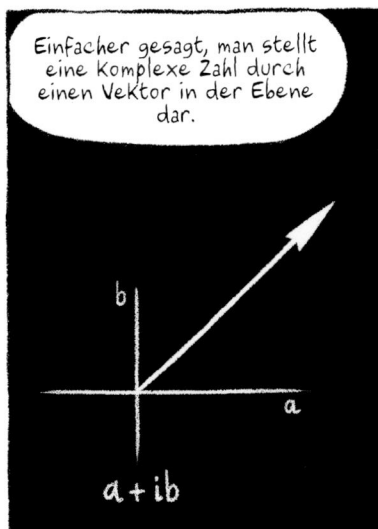

Einfacher gesagt, man stellt eine Komplexe Zahl durch einen Vektor in der Ebene dar.

b

a

a + ib

Er ist durch seine LÄNGE und den WINKEL zur horizontalen Achse charakterisiert.

LÄNGE

WINKEL

Das erlaubt uns, eine Komplexe Zahl durch eine FARBE darzustellen.

Pardon? Was hat eine Farbe mit einem Vektor zu tun?

Wie wir wissen, bilden die verschiedenen Farbtöne einen Kreis ...

Jedem FARBTON kann man einen Vektor-Winkel zuordnen ...

Grün

Orange

Die INTENSITÄT eines Farbtons ordnet man seiner Länge zu.

Schwach

Sehr stark

Aber was hat das mit der Quantenphysik zu tun?

Die Wellenfunktion Ψ IST eine komplexe Zahl!

Wir können sie also in jedem Moment durch einen mehr oder weniger starken Farbton darstellen!

Und nun zu Rick...

Erinnern wir uns: die Wellenfunktion Ψ beschreibt den Zustand des gesamten ins Auge gefassten Systems ...

Schrödinger machte mir klar, dass Ψ nicht den Zustand eines einzelnen Teilchens beschreibt, sondern ALLES, was mit ihm wechselwirkt.

Das heißt, Ψ beschreibt nicht nur die radioaktive Ladung, sondern auch das tödliche Gas, Rick, die Luft, die ihn umgibt ...

Moment mal ... im Falle eines einzigen Elektrons, richtet sich der Wert von Ψ nach der Zeit sowie seinen drei Raumkoordinaten.

Aber bei mehr als einem Elektron, wovon hängt der Wert von Ψ dann ab?

Das Resultat verändert nicht viel! Es gibt immer noch zwei Ricks! ...

Nur, dass sie jetzt andere Farben haben.

Genau! insofern ähnelt die Wirklichkeit einem mehrfach belichteten Film.

Der blaue Rick kommt mir farbkräftiger vor? ...

Die Kraft der Farbe jeder dieser Situationen hängt von ihrer Wahrscheinlichkeit ab ...

Der lebendige Rick wirkt farbkräftiger, weil die Wahrscheinlichkeit, dass die radioaktive Ladung im Kasten während der 5 Minuten NICHT zerfällt, zweidrittel beträgt.

WAAAAH

Mit anderen Worten: Rick existiert eher lebendig als tot.

Erfreulich, oder?

In Wahrheit entwickelt sich die Quantenwelt jedoch deterministisch, indem sie alle Möglichkeiten gleichzeitig realisiert!

Diese Überlagerung vieler klassischer Realitäten kennt keine Grenzen! Sie beschränkt sich weder auf das Innere von Ricks Kiste noch auf unsere irdische Umwelt.

Sie schließt das gesamte Universum mit ein, mitsamt der entferntesten Galaxien!

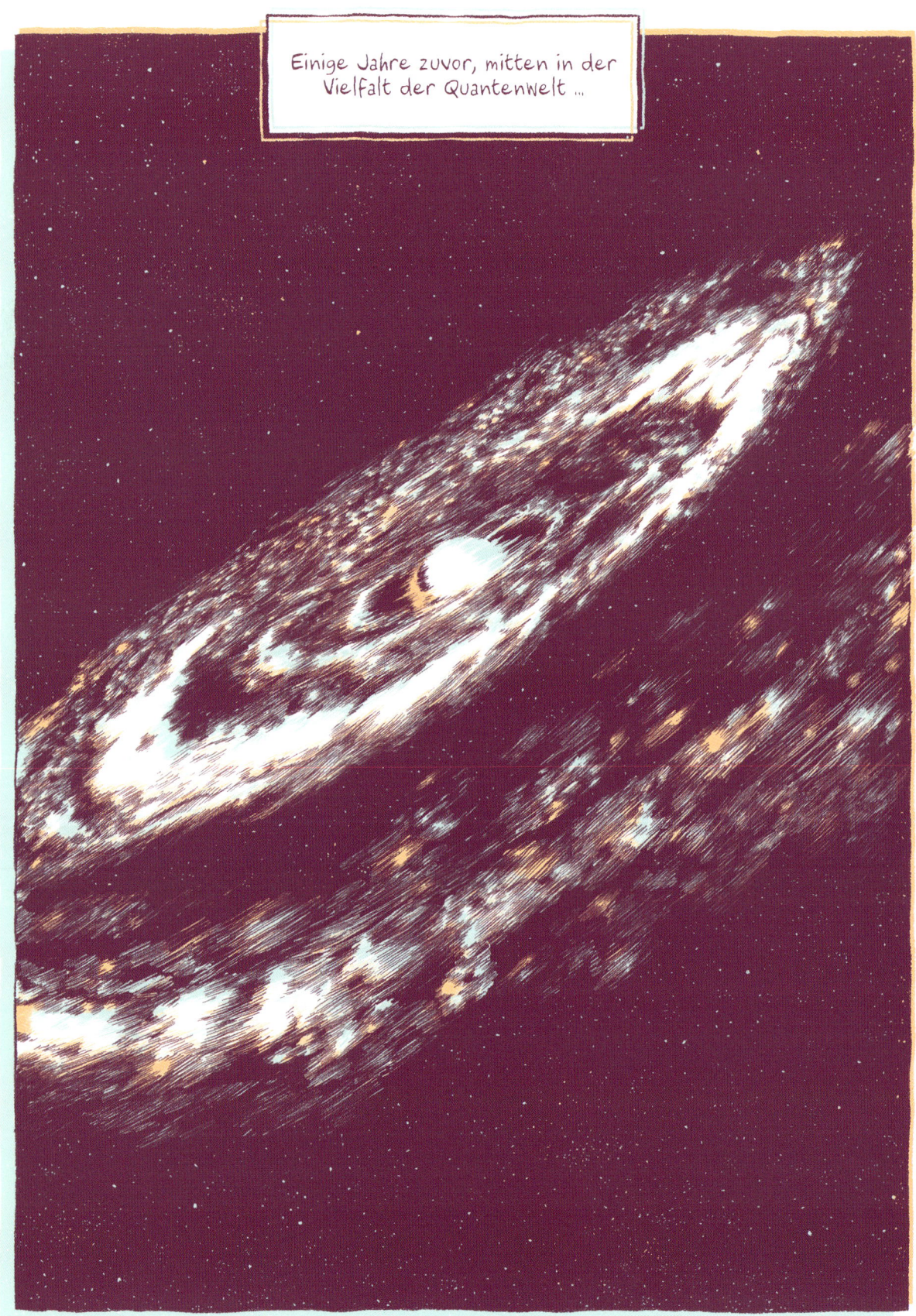

Einige Jahre zuvor, mitten in der Vielfalt der Quantenwelt ...

ANHANG

Im Folgenden findet der Leser einige Erklärungen, die *Das Geheimnis der Quantenwelt* ergänzen sollen. Das ist zum Verständnis und zum Spaß an unserer Graphic Novel nicht unbedingt notwendig, kann aber denen, die noch genauer in die Quantentheorie eintauchen wollen, hier und da zum besseren Verständnis dienen.

Aspect, Experimente von

Die Experimente, die Alain Aspect und seine Mitstreiter (Philippe Grangier, Gérard Roger und Jean Dalibard) am Forschungslaboratorium in Orsay (Frankreich) durchgeführt haben, stellen eine wichtige Etappe in unserem Verständnis der Quantenwelt dar und bestätigen die Realität der Existenz von in der klassischen Physik nicht zu beschreibenden Korrelationen zwischen räumlich getrennten Teilchen, die in der Vergangenheit wechselwirkten. Die Existenz solcher Korrelationen in der Quantenphysik sowie ihr paradoxer Charakter vom Gesichtspunkt der klassischen (relativistischen) Physik aus war von Albert Einstein, Boris Podolsky und Nathan Rosen bereits 1935 vorgestellt worden. 1964 unterstrich und konkretisierte der theoretische Physiker John Stewart Bell das Paradox der Existenz von Korrelationen weit voneinander entfernter Teilsysteme gemeinsamen Ursprungs, indem er den Beweis einer quantitativen Messung dieser Korrelationen erbrachte (»Bellsche Ungleichung«), die in der klassischen Physik lokal wechselwirkender Systeme nicht existieren können, in der Quantenphysik jedoch möglich sind.

Die Experimente von Aspect maßen die Korrelation der Polarisation eines räumlich getrennten Photonenpaares, das mit einem verschwindenden Gesamtdrehimpuls gemeinsam auf die Reise geschickt wurde. Diese Experimente beweisen (in Übereinstimmung mit den Vorhersagen der Quantenphysik) eine »Verletzung der Bellschen Ungleichung«, mit anderen Worten die Existenz einer stärkeren Korrelation zwischen räumlich getrennten Photonen als derjenigen, die durch eine klassische und lokale Beschreibung der Wirklichkeit nachweisbar ist. Alles in allem beweisen die Aspect'schen Experimente den nicht-lokalen Charakter der Quantenrealität. Siehe Quantenverschränkung.

Bohr, Niels (1885 – 1962)

1913 präsentierte Bohr ein schematisches Modell für eine quantenmechanische Beschreibung des einfachsten Atoms, des Wasserstoffatoms. Dieses Modell kombiniert die klassische Vorstellung eines um das zentrale Proton kreisenden Elektrons mit den Postulaten der Quantenmechanik (Existenz einer Reihe von diskreten Zuständen, die durch einen quantisierten Drehimpuls charakterisiert werden, $L = rp = nh/(2\pi)$, wobei $n = 1, 2, 3 \ldots$ sowie sprunghafte Übergänge zwischen verschiedenen Quantenzuständen, z. B. m und n bei gleichzeitiger Emission von Licht, dessen Frequenz f_{mn} von der Energiedifferenz $E_m - E_n$ abhängt gemäß der Planck-Einstein Relation $E_m - E_n = h\, f_{mn}$. Diese eigenartige Mischung aus Postulaten führte zu einer speziell für die quantisierten Energieniveaus des Wasserstoffatoms geltenden Formel

$$E_n = -\frac{1}{2} m \left(\frac{e^2}{\hbar} \right)^2 \frac{1}{n^2}$$

(wobei m die Masse des Elektrons repräsentiert, e seine elektrische Ladung und $\hbar \equiv h / (2\pi)$), die exakt mit den Frequenzen des vom Wasserstoffatom emittierten Lichtspektrums übereinstimmt.
Den Namen Bohrs verbindet man darüber hinaus (ebenso wie den von Born und Heisenberg) mit einer (»Kopenhagener« genannten) Interpretation der Quantenmechanik. Diese Interpretation (deren Auslegung je nach Wissenschaftler variiert) beruht auf einer Mischung aus klassischer und Quantenphysik sowie auf einer statistischen Interpretation der als klassisch angesehenen Resultate quantentheoretischer Messungen. Dabei beruht sie auf einem Prinzip, das auf Bohr zurückgeht (1927), der sogenannten »Komplementarität« verschiedener klassischer Beschreibungen mikroskopischer Quantenobjekte (wie z. B. der »Dualität« zwischen Wellen- und Teilcheneigenschaften eines Quantenobjekts, die 1927 durch Heisenbergs Unschärferelation quantifiziert wurde). Von Oktober 1927 an, nachdem Bohr und Einstein sich auf der 5. Solvay Konferenz getroffen hatten, begann ein langer Dialog zwischen den beiden über die Epistemologie der Quantenphysik.

Born, Max (1882 – 1970)

Born hat eine ganze Reihe wichtiger Beiträge zur Quantenphysik geleistet. Als einer der Ersten erkannte er die Notwendigkeit, die klassische (Newtonsche oder relativistische) Physik durch eine neue »Quantenmechanik« zu ersetzen. Als ihm sein ehemaliger Assistent Heisenberg am 9. Juli 1925 einen Artikel zum Lesen gab, den jener gerade verfasst hatte und in welchem er eine neue Formulierung der Mechanik des Atoms mithilfe unendlicher Tabellen einführte, erkannte Born, dass die unendlichen Tabellen Heisenbergs dem entsprachen, was die Mathematiker eine Matrizenalgebra nannten. Zusammen mit seinem damaligen Assistenten Pascual Jordan und später mit Heisenberg selbst legte er 1925 unter dem Namen *Matrizenmechanik* eine komplette Formulierung der Quantenmechanik vor. Nachdem Schrödinger eine zweite Formulierung der Quantenmechanik verfasst hatte – die sogenannte *Wellenmechanik* – untersuchte Born 1926 den Prozess der Kollision eines Elektrons mit einem Atom, und postulierte, dass man das Betragsquadrat der Wellenfunktion $\psi(x, y, z)$ des Elektrons mit der Wahrscheinlichkeit gleichsetzen musste, es am Raumpunkt (x, y, z) zu finden. Born fasste die Essenz der statistischen Interpretation seiner derart postulierten Quantentheorie wie folgt zusammen: »Die Bewegung der Partikel folgt Wahrscheinlichkeitsgesetzen, die Wahrscheinlichkeit selbst aber breitet sich im Einklang mit dem Kausalgesetz aus.« Dieses »Kausalgesetz« ist eine Anspielung auf die Schrödingergleichung.

Broglie, Louis de (1892–1987)

Die grundlegende These (1924) von Louis de Broglie bestand darin, Einsteins 1905 für Licht und Photonen postulierte Koexistenz von Teilchen und Wellen auf alle Materieteilchen auszuweiten. Er verband jedes Materieteilchen mit der Masse m, der Energie $E = mc^2 / \sqrt{1 - v^2/c^2}$ und des Impulses $p = mv / \sqrt{1 - v^2/c^2}$ mit einer Welle der Frequenz $f = E / h$ und der Wellenlänge $\lambda = h / p$. Siehe Interferenz.

Dekohärenz

Das Konzept der »Dekohärenz« wurde 1970 durch Dieter Zeh eingeführt und in den 1980er-Jahren von ihm und mehreren anderen (Wojciech Zurek, Erich Joos, Murray Gell-Mann und James Hartle …) weiter ausgebaut. Zehs Hauptverdienst bestand darin, offengelassene Fragen in Everetts Vision der Quantentheorie dadurch zu erklären, dass er auf die Kopplung des untersuchten physikalischen Systems (z. B. einem radioaktiven Atom und einer Katze) mit seiner Umgebung (z. B. dem Geigerzähler, dem Auslösemechanismus zum Freisetzen des Giftgases, der Luft in der Kiste, in der die Katze sich befindet, sowie der inneren mikroskopischen Beschaffenheit der Katze) hingewiesen hat. Die Wellenfunktion des Gesamtsystems lautet anfänglich (zum Zeitpunkt Null): $\psi^0_{total} = \psi_{Atom}$ (nicht zerfallen) ψ_{Katze} (lebendig) $\psi_{Umgebung}$ (anfänglich). Nach einer gewissen Zeitspanne (gegeben durch die Halbwertszeit des radioaktiven Atoms) nimmt die Wellenfunktion des gesamten Systems (erhalten durch Lösen der Schrödingergleichung) folgende Form an:

$\psi^1_{total} = \psi_{Atom}$ (nicht zerfallen) ψ_{Katze} (lebendig) $\psi_{Umgebung}$ (Atom nicht zerfallen) + ψ_{Atom} (zerfallen) ψ_{Katze} (tot) $\psi_{Umgebung}$ (Atom zerfallen)

Es handelt sich dabei um eine lineare (kohärente) Superposition zweier Zustände des Systems, wobei Zeh und seine Nachfolger darauf hinwiesen, dass die große Anzahl (nicht ausdrücklich beobachtbarer) Variablen, die von der Wellenfunktion der Umgebung $\psi_{Umgebung}$ umfasst wird, in Kombination mit dem großen Unterschied beider Umgebungen (der einen, in der das Atom nicht zerfallen ist, sowie derjenigen, in der es bereits zerfallen ist) dazu führt, dass die beiden o.a. Teile der Wellenfunktion ψ^1_{total} sich so verhalten, als beschriebe jeder eine unterschiedliche Welt (die erste mit einem nicht zerfallenen Atom und einer lebendigen Katze, die zweite mit einem zerfallenen Atom und einer toten Katze). Mathematisch ausgedrückt sind die beiden Teile der Wellenfunktion zueinander orthogonal, sogar im strengeren Sinne (das heißt, selbst wenn man nur die Dynamik der mit dem Atom und der Katze verbundenen Variablen in Betracht zieht, unter Ausschluss der Dynamik der »verborgenen« Variablen der Umgebung). Wie im Abschnitt über Schrödingers Katze erwähnt, haben kürzlich durchgeführte Experimente diese rasche »Orthogonalisierung« zweier makroskopisch unterscheidbarer Teile einer Wellenfunktion nachgewiesen. Dies nennt man Dekohärenz.

E = hf, die verkannte Formel

Alle Welt kennt Einsteins Formel $E = mc^2$, die Energie und Masse in Beziehung setzt (wobei c für die Lichtgeschwindigkeit steht). Zumindest glaubt jeder, sie zu kennen. Verglichen damit ist die Formel, die Energie und Frequenz miteinander verbindet, relativ unbekannt, obwohl sie eigentlich sogar noch wichtiger und grundlegender ist als $E = mc^2$. Planck war der Erste, der 1900 eine Gleichung des Typs $\Delta E = hf$ aufstellte, auch wenn ΔE für ihn wahrscheinlich nicht mehr bedeutete als eben eine Formel, mit deren Hilfe er die Energieachse in kleine abgeschlossene Intervalle zu schneiden vermochte, um die Entropie eines Systems linearer Oszillatoren (der Frequenz f) berechnen zu können, die – auf vereinfachte Art – Licht emittierende Atome in der Wand eines Ofens repräsentierten (siehe Schwarze Körper). Der erste Physiker, der sein geballtes physikalisches Wissen der Formel $E = hf$ widmete, war Einstein in den Jahren 1905 und 1906. Genauer gesagt stellte Einstein 1905 sein Postulat auf, demzufolge eine Lichtwelle (der Frequenz f) aus Lichtteilchen besteht (die er Lichtquanten nannte), deren jedes lokalisierbar ist und die Energie $E = hf$ trägt. Dann, 1906, war er der erste Physiker, der feststellte, dass die Energie der Materie »gequantelt« ist und bloß bestimmte diskontinuierliche Werte haben konnte. In der Tat bewies er, dass das Plancksche Strahlungsgesetz von 1900 nur unter der Voraussetzung aus den allgemeinen Gesetzen der statistischen Physik abgeleitet werden kann, dass die Energie eines jeden Materieoszillators (in der Ofenwand) eine diskontinuierliche Folge von Werten einnimmt: $0,\ hf,\ 2hf,\ 3hf$ … Zum Schluss noch der Hinweis, dass die Gleichung $E = hf$ von de Broglie auf den Fall eines (freien) Materieteilchens angewandt wurde und dass sie das Grundgerüst der **Schrödingergleichung** ausmacht.

Einstein, Albert (1879–1955)

Bekannt ist Einstein vor allem für seinen maßgeblichen Beitrag zu den beiden Relativitätstheorien, wobei man sich jedoch, wie Max Born geschrieben hat, darüber im Klaren sein sollte, dass »Einstein selbst dann als einer der größten theoretischen Physiker unserer Zeit gelten müsste, wenn er nicht eine Zeile zur Relativität geschrieben hätte«. Dabei hatte Born wohl vor allem die zahlreichen bahnbrechenden Veröffentlichungen Einsteins zur Quantenphysik im Sinn. Kurz zusammengefasst sind das:

1905: Einstein führt die (revolutionäre) Idee ein, dass Licht sich aus Energiequanten zusammensetzt ($E = hf$).

März 1906: Er zeigt, dass die Energie eines Materieoszillators quantisierte Werte annehmen muss 0, hf, $2hf$, $3hf$ …

November 1906: Er zeigt, dass die Quantisierung der Energie von Materieoszillatoren das »anormale« Verhalten der spezifischen Wärme bestimmter Körper erklärt (im Besonderen des Diamanten).

1916: **1)** Er beweist, dass jedes während des »Quantensprungs« zwischen zwei möglichen Energiezuständen (z.B. E_m und E_n) von einem Atom emittierte oder absorbierte Lichtquant nicht bloß Träger der Energie $E_m – E_n = hf_{mn}$ ist, sondern auch der Bewegungsgröße (oder des Impulses) $p_{mn} = hf_{mn} / c = h\lambda_{mn}$; **2)** er entdeckt einen neuen Quantenprozess: die Illumination eines Atoms durch einfallende Strahlung der Frequenz f stimuliert das Atom, aus einem höheren Energieniveau, E, in ein niedrigeres Energieniveau zu wechseln, $E – hf$, wobei es ein Lichtquant mit der Energie hf und dem Impuls hf / c in Richtung der einfallenden Strahlung emittiert (auf diesem Prozess der stimulierten Emission basiert die Funktionsweise des Lasers); und **3)** er führt den Zufall in die Quantenphysik ein und charakterisiert ihn quantitativ mithilfe mehrerer unendlicher Tabellen der Koeffizienten (A_{mn} und B_{mn}), die die Grundlage für die Entdeckung der Quantenmechanik durch Heisenberg, Born und Jordan bilden sollten.

1924: Unabhängig von de Broglie schlägt er vor, den Materieteilchen auch Welleneigenschaften zuzuschreiben; er führt die Quantenstatistik eines Gases aus Materieteilchen ein; er entdeckt ein neues physikalisches Phänomen rein quantenmäßigen Ursprungs, das man im Allgemeinen als »Bose-Einstein Kondensation« bezeichnet.
Von 1927 an hört Einstein damit auf, die Fortschritte auf dem Gebiet

der Quantenmechanik im Einzelnen zu verfolgen. Er ist nach wie vor unzufrieden mit der statistischen Interpretation des Quantenformalismus von Born, Bohr und Heisenberg. Ihn treibt immer noch die Hoffnung, die Wahrscheinlichkeiten der Quantenwelt logisch klar und unabhängig von der Existenz des Beobachters aus einer tiefer liegenden Struktur der Realität ableiten zu können.

1935 weist er mit Boris Podolsky und Nathan Rosen kritisch auf die Tatsache hin, dass in der Quantentheorie etwas »Magisches« zu stecken scheint: zwei Teilchen (oder zwei Systeme), die in der Vergangenheit miteinander wechselgewirkt haben, behalten (selbst wenn sie sehr weit voneinander entfernt sind) eine enge »Verbindung«, die bewirkt, dass jede an einem der Teilchen gemachte Beobachtung sich sofort auf das andere niederschlägt. Diese **Verschränkung** zweier voneinander entfernter Systeme hat zu einer Vielzahl von Entwicklungen geführt und hat das Zeug, eine neuerliche Quantenrevolution einzuläuten.

Der letzte Beitrag Einsteins zur Quantentheorie erfolgte durch einige Bemerkungen, die er im April 1954 im Laufe seines letzten Seminars in Princeton machte. Siehe **Einsteins Mäuse**.

Einsteins Mäuse

Am 14. April 1954 hielt Einstein vor etwa sechzig Studenten (und ein paar Professoren) seine letzte Vorlesung an der Universität von Princeton. Das zentrale Thema seines Referats betraf die Quantentheorie. Einstein erklärte, warum für ihn das letzte Wort auf diesem Gebiet noch nicht gesprochen war. Beiläufig erinnerte er daran, dass er selbst es war, der die Wahrscheinlichkeit in die Quantenphysik eingeführt hatte, ließ jedoch gleichzeitig durchblicken, wie unzufrieden er bezüglich der Bedeutung war, die die Physik der Wellenfunktion beimaß. Als Beispiel nannte er die quantenmechanische Beschreibung einer kleinen, einen Millimeter dicken Kugel, die sich in einer Schachtel hin und her bewegt. Mithilfe der Wellenfunktion erhält man (wenn man lange genug wartet) eine verschwommene Beschreibung ihrer Position in der Schachtel, wohingegen die Kugel sich unserer Alltagserfahrung nach immer an einem klar definierten Platz befindet. Das Ganze kommentierte er folgendermaßen: »Es fällt mir schwer zu glauben, dass diese Beschreibung vollständig sein soll, scheint sie die Welt doch so lange im Nebulösen zu halten, bis sie jemand – und sei es eine Maus – beobachtet. Ist es glaubhaft, dass der Blick einer Maus das Universum grundlegend verändern kann?«
Diese Aussage Einsteins sollte den Verstand des jungen **Hugh Everett**, der seinen Freund Charles Misner begleitet hatte, um Einsteins Referat zu hören, nachhaltig herausfordern. Er zitiert sie in (der langen Version) seiner Doktorarbeit und fügt im Rahmen seiner Theorie als Kommentar hinzu, dass »es nicht so sehr das System ist, welches durch eine Be-

obachtung verändert wird, als vielmehr der Beobachter selbst, der mit dem System in Beziehung gesetzt wird« und dass »die Maus nicht das Universum verändert – nur die Maus ist verändert ([*affected*]).«

Everett, Hugh (1930–1982)

Hugh Everett nahm als junger Student in Princeton am letzten Seminar Einsteins teil (siehe **Einsteins Mäuse**) und war tief beeindruckt von dessen Bemerkungen über den offenbar unvollständigen Charakter der Quantentheorie, die bloß eine »nebulöse« Beschreibung des Universums liefere und bei der es der Beobachtung durch Lebewesen bedürfe (und sei es auch nur einer Maus), um das auszulösen, was die Verfechter der Kopenhagener Interpretation einen »Kollaps der Wellenfunktion« nennen, das heißt den Übergang aus einer verschwommenen Quantenwelt (beschrieben durch die Wellenfunktion ψ) in die konkrete und präzise Welt um uns herum, in der Katzen entweder lebendig oder tot sind, nicht jedoch in einer Superposition dieser beiden Zustände. Einige Monate danach (im Herbst 1954) hielt sich Niels Bohr am Institute for Advanced Studies in Princeton auf und hielt einen Vortrag über die Quantenmechanik, in dem er behauptete, seine Idee der »Komplementarität« löse das Problem des Kollapses der Wellenfunktion. Diese Behauptung war in Everetts Augen absurd. Kurze Zeit später fand am Graduierten College zwischen Hugh Everett, Charles Misner und Aage Petersen (dem damaligen jungen Assistenten von Bohr) eine lebhafte und mit reichlich Sherry begossene Diskussion über die Deutung der Quantentheorie statt. In der Hitze des Gesprächs entwickelte Everett eine erste Vision seiner Idee von der Universalität der Wellenfunktion (»the universal wave function«). Diese Idee besteht in der Behauptung, dass es weder einen Kollaps der Wellenfunktion gibt noch einen geheimnisvollen Übergang zwischen einer verschwommenen Quantenwelt und einer klassischen, klar strukturierten Welt, sondern dass die Quantenwirklichkeit ganz einfach durch die Wellenfunktion ψ_{total} des Gesamtsystems beschrieben werden kann. Diese umfasst nicht bloß das jeweils untersuchte atomare Teilsystem, sondern auch die Messapparate samt deren Beobachter, ja selbst das Gedächtnis der Beobachter, da, wo sich eine Spur der betrachteten Resultate wiederfindet. Everetts Idee wurde (nachdem Bryce DeWitt und Dieter Zeh sie als erste Physiker überhaupt ernst nahmen) oft als »Viele-Welten«-Theorie bezeichnet. Dabei hat Everett selbst seine Idee nie so verstanden. Allenfalls sprach er von einer »Separation der Beobachter«, ausgehend von der Idee, dass die Wellenfunktion ψ_{total} nach einer Messung eines atomaren Teilsystems eine lineare Superposition der Teil-Wellenfunktionen $\psi_{Teilsysteme}$ ist, die sich unabhängig voneinander entwickeln und ein Bild und eine Erinnerung in »einem bestimmten Beobachter« (»a definite observer«) hervorrufen. Siehe **Dekohärenz**.

Nachdem er seine Idee gehabt und damit begonnen hatte, diese mathematisch zu entwickeln, sprach Everett bei John Wheeler vor und bat ihn, seine Doktorarbeit zu betreuen. Wheeler willigte ein. Das sollte sich für Everett sowohl als gut wie auch als schlecht erweisen. Als gut, weil Wheeler neuen Ideen gegenüber sehr offen war und seine Studenten dazu ermunterte, selbstständig zu denken. Als schlecht, weil Wheeler sich als ein begeisterter Anhänger von Bohr und dessen »Komplementaritätsprinzip« herausstellte. Schließlich verzichtete Everett auf die dringende Bitte Wheelers hin darauf, die detaillierten Ausführungen zu seiner Idee zu veröffentlichen. Stattdessen verfasste er einen sehr viel kürzeren (und weniger klaren) Text, den er 1957 als Doktorarbeit einreichte und der im selben Jahr veröffentlicht wurde.

Trotz – oder besser gesagt, wegen – ihrer Neuartigkeit erregte Everetts Interpretation zunächst so gut wie überhaupt kein Interesse, mit Ausnahme einiger kritischer Bemerkungen (und heimlicher Angriffe) aus einer Gruppe von Physikern, die Niels Bohr nahestanden. Welche Bedeutung der von Everett eröffnete Weg hat, wurde erst in den 1970ern anerkannt, vor allem durch die Arbeiten von Dieter Zeh und Bryce DeWitt. Heute erkennt laut einer aktuellen Umfrage die Mehrzahl der theoretischen Physiker, die sich mit der Quantenkosmologie auseinandersetzen, die Interpretation Everetts an, wenn auch zuweilen mit individuellen Ausprägungen. Und doch – wenn man die sehr viel größere Gruppe der Physiker (theoretische ebenso wie experimentelle) berücksichtigt, die auf dem Gebiet der Quantenphysik tätig sind, so ist es zweifellos nach wie vor bloß eine Minderheit, die bereit ist, Everetts Vision einer Universalität der Wellenfunktion zu unterschreiben.

Heisenberg, Werner (1901–1976)

Am 7. Juni 1925 verlässt der 23 Jahre junge, von einer Heuschnupfenattacke heimgesuchte Werner Heisenberg Göttingen (dort arbeitete er als Assistent Max Borns), um sich auf die Nordseeinsel Helgoland zurückzuziehen, wo er so gut wie keine Pollen zu erwarten hatte. Auf dieser Insel gelingt ihm die erste vollständige Formulierung der Quantenmechanik. Beeinflusst von seiner vorhergehenden Zusammenarbeit mit Hendrik Kramers und angeregt durch die von Einstein eingeführten unendlichen Tabellen A_{mn}, B_{mn}, entdeckt er eine neue Quantendynamik, in der die Gleichungen, die die klassische Dynamik der Position q und des Impulses p eines Elektrons beschreiben, zwar als solche vorkommen, in denen nun jedoch die klassischen Variablen q und p durch zwei unendliche Tabellen $[q]$ (der Elemente q_{mn}) und $[p]$ (der Elemente p_{mn}) ersetzt werden. Er bedient sich einer physikalischen Begründung, um das Produkt aus zwei derartigen unendlichen Tabellen zu konstruieren, und fordert, dass das Produkt aus $[q]$ $[p]$ nicht gleich dem Produkt aus $[p][q]$ ist, sondern ihre Differenz einer unendlichen Tabelle entspricht, deren Elemente alle den Wert **0** haben, bis auf diejenigen, für die $m = n$ gilt und welche gleich $ih/(2\pi)$ sind, wobei i eine (imaginäre) Wurzel aus -1 darstellt. Diese höchst abstrakte »Matrizenmechanik« wurde von Max Born, Pascual Jordan und Werner Heisenberg weiterentwickelt, kaum, dass Letzterer nach Göttingen zurückgekehrt war.

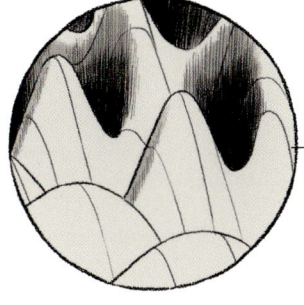

Interferenz

Wenn zwei laufende Wellen (von gleicher Frequenz und Wellenlänge) aufeinandertreffen (z. B. hinter einem Doppelspalt, auf den eine einzige Welle getroffen ist), führt die Überlagerung der beiden Wellen zu einer gemeinsamen Schwingung, deren Amplitude nicht überall gleich ist. An bestimmten Stellen ergänzen sich die Wellen, indem sie sich verstärken, während sie sich an anderen Stellen teilweise (oder bei gleicher Amplitude) sogar vollständig gegenseitig auslöschen. Diese durch die Überlagerung zweier Wellen erzeugte räumliche Veränderung der Wellenamplitude nennt sich »Interferenzerscheinung«. In der klassischen Physik wurde die Beobachtung einer solchen Erscheinung (z. B. im Fall einer auf einen Doppelspalt treffenden Lichtwelle) als Beweis dafür angesehen, dass es sich bei Licht um eine Welle handeln musste. In der Quantenphysik wird es bei Elektronen, die man *einzeln und nacheinander* auf einen genügend engen Doppelspalt treffen lässt, zwischen den beiden Wellenfunktionen, die sich hinter den Spalten bilden, entsprechend der Welle ψ (von **de Broglie**), die die Dynamik des Elektrons beschreibt, ebenfalls zur Interferenz kommen. Deshalb variiert die Wahrscheinlichkeitsamplitude (**Everett**), das heißt, die Wahrscheinlichkeit, das Elektron hinter dem Doppelspalt aufzuspüren (**Born**, interpretiert à la Everett) auf das Heftigste. Erscheinungen dieser Art wurden bereits 1927 von Clinton Davisson und Lester Germer beobachtet (bei Elektronen), was dazu führte, dass ihnen 1929 (zusammen mit Louis de Broglie) der Physiknobelpreis verliehen wurde.

Multiversum

Der Begriff »Multiversum« wird in mehrfacher Weise angewandt. Manchmal steht er für die von **Hugh Everett** in Betracht gezogene »Viele-Welten«-Interpretation, das heißt für die durch die Wellenfunktion des gesamten Universums beschriebene Separation der Quantenwelt. Gleichzeitig benutzt man den Begriff aber auch dazu, die »klassische« Vielzahl leicht (oder stark) differenzierter lokaler Universen zu beschreiben, die sich durch gewisse Typen primordialer kosmologischer Inflationen ergeben (der von Alexander Vilenkin 1983 entdeckte Mechanismus der »Ewigen Inflation«).

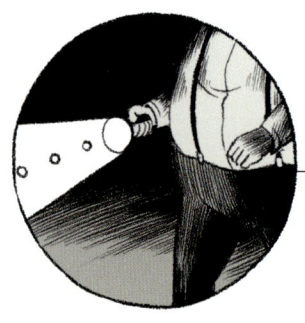

Photon

Photon nennt man heutzutage das, was Einstein 1905 unter dem Namen »Lichtquant« in die Welt der Physik eingeführt hat. Es handelt sich also um das Quantenteilchen des elektromagnetischen Feldes. Seine Energie und sein Impuls sind jeweils durch $E = hf$ und $p = hf/c = h/\lambda$ gegeben, wobei f für die Frequenz der Lichtwelle und $\lambda = c/f$ für ihre Wellenlänge steht. Die »Ruhemasse« (im relativistischen Sinn) eines Photons [das heißt die Quadratwurzel aus $(E/c^2)^2 - (p/c)^2$] ist gleich null.

Planck, Max (1858–1947)

Durch die Entdeckung der Konstante h, die seinen Namen trägt (siehe Plancksches Wirkungsquantum), in den Jahren 1899–1900 gilt Planck als eigentlicher Begründer der Quantentheorie. Es steht außer Frage, dass er die exakte Rolle, die h in der Physik der linearen Oszillatoren, die von ihm angewandt wurde, um die Materie der Wände eines schwarzen Körpers zu modellieren, noch spielen würde, zum Zeitpunkt seiner Entdeckung nicht begriffen hatte. In der Tat benutzte er $\Delta E = hf$ anfangs vor allem als mathematischen Kunstgriff (wie zuvor auch schon Ludwig Boltzmann), der es ihm erlaubte, die Anzahl aller Möglichkeiten, die Gesamtenergie auf alle Oszillatoren (derselben Frequenz) zu verteilen, zu zählen. Im Gegensatz dazu war er sich von Anfang an sehr wohl darüber im Klaren, dass die Entdeckung der neuen Naturkonstante h (wie er seinem Sohn damals erzählte) »eine Entdeckung ersten Ranges war, vergleichbar vielleicht nur mit denen Newtons«. Von 1900–1913 versuchte Planck die Bedeutung der Konstante h zu ergründen. Dabei legte er besonderen Wert auf die Tatsache, dass h über eine Dimension verfügt, die man in der Physik »Wirkung« nennt (von der man spricht, wenn man Energie mal Zeit nimmt oder einen Impuls mal dem Ort). Das Wirkungsquantum h spielte eine entscheidende Rolle bei gewissen späteren Entwicklungen der Quantenphysik, im Besonderen bei denen von Louis de Broglie, Paul Adrien Maurice Dirac und Richard Feynman.

Plancksches Wirkungsquantum: h

Das Plancksche Wirkungsquantum h wurde von Max Planck 1899–1900 im Rahmen seiner theoretischen Untersuchungen zum Frequenzspektrum der Wärmestrahlung in einem Ofen (siehe Schwarze Körper) in die Physik eingeführt. Sein Wert beträgt $h = 6{,}626070 \times 10^{-27}$ $erg\ s$, wobei $erg = 1\ cm^2\ g/s^2$ die Einheit der Energie im CGS System bezeichnet. Es ist oft nützlich, diese durch das »reduzierte Wirkungsquantum« $\hbar \equiv h/(2\pi) = 1{,}0545718 \times 10^{-27}$ $erg\ s$ auszudrücken.

Das Plancksche Wirkungsquantum verkörpert das Wesentliche der Quantenphysik. Es ist Teil aller mit der Quantenwelt verbundenen physikalischen Gesetze und Gleichungen: der Planck-Einstein Relation $E = hf$ zwischen Energie und Frequenz; dem Verhältnis von de Broglie $p = h/\lambda$ zwischen Impuls und Wellenlänge; der Kommutatorrelation von Heisenberg $\hat{q}\hat{p} - \hat{p}\hat{q} = i\hbar$ zwischen Orts- und Impulsoperator; der Schrödingergleichung; etc. Die klassische Physik ist formal erhalten im Grenzfall, in dem h zu Null geht. Aber es ist wichtig zu bemerken, dass die Struktur der Welt, die uns umgibt, entscheidend vom Wert (klein, aber ungleich Null) von h abhängt. Siehe **Quantenwelt und Alltag**.

Quantenkosmologie

Kosmologie ist die Wissenschaft vom Universum. Vom Standpunkt der »Kopenhagener Interpretation« der Quantenmechanik aus gesehen, die davon ausgeht, dass die makroskopische Welt der Dinge um uns herum weiterhin durch die klassische Physik erklärbar ist, scheint es absurd zu sein, von so etwas wie einer Quantenkosmologie zu sprechen. Trotzdem untersucht eine Reihe von Forschern (Hugh Everett, Bryce DeWitt, Stephen Hawking, Alexei Starobinski, Wjatscheslaw »Slava« Muchanow …) vor dem Hintergrund der Bemühungen, Einsteins für die Kosmologie so bedeutsame allgemeine Relativitätstheorie mit der Quantentheorie in Einklang zu bringen, welchen Einfluss die Quantentheorie auf die Kosmologie hat. Eine der bemerkenswertesten Folgen ist die von W. Muchanow und G. Chibisov stammende (1981) Berechnung der Quantenfluktuationen der Dichte im primordialen Universum, die zur Strukturierung unseres derzeitigen Universums geführt hat. Danach ist unsere Galaxie mit ihren hunderten von Milliarden Sternen aus einer primordialen Quantenfluktuation entstanden. Etliche Forscher, die sich auf diesem Gebiet bewegen, folgen dem Weg, den **Hugh Everett** eröffnet hat, weil er einer der wenigen ist, der es erlaubt, eine Quantenrealität ernsthaft zu erwägen.

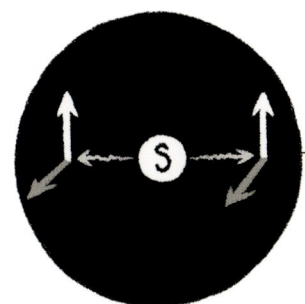

Quantenverschränkung

Quantenverschränkung nennt man die (in bestimmten Situationen) unabhängig von ihrer Entfernung bestehende Korrelation zwischen zwei (oder mehreren) Quantenobjekten. Technisch gesprochen ergibt sich diese Korrelation daraus, dass die Quantentheorie den Zustand eines Systems $A + B$ durch eine einzige Wellenfunktion $\psi(q_A, q_B)$ beschreibt, die von Variablen abhängt, die sowohl die Konfiguration des Objekts A beschreiben, als auch die des Objekts B. Bis auf den absoluten Sonderfall, in dem die gesamte Wellenfunktion $\psi(q_A, q_B)$ sich als Produkt einer Funktion schreibt, die ausschließlich von den Variablen q_A und einer anderen Funktion, die ausschließlich von den Variablen q_B

abhängt. Die Voraussagen, die sich aus der gesamten Wellenfunktion $\psi\,(q_A,\,q_B)$ ergeben, implizieren einen Zusammenhang zwischen den Beobachtungen, die man (im Moment t) an A und denen, die man (im selben Moment t) an B machen kann. Dieser Zusammenhang besteht selbst dann weiter, wenn die Teilsysteme A und B weit voneinander entfernt sind. Auf die Existenz solcher Quantenverschränkungen wurde bereits im Jahr 1935 durch Albert Einstein, Boris Podolsky und Nathan Rosen hingewiesen. Der erste absolut überzeugende experimentelle Beweis, dass eine solche Quantenverschränkung (in einer Situation, in der die der Quantenverschränkung zuzuschreibenden Korrelationen stärker waren als alles, was die klassische lokale Theorie erklären konnte) tatsächlich existiert, wurde durch die **Experimente von Aspect** erbracht.

Quantenwelt und Alltag

Die Quantenphysik bildet neben der speziellen und der allgemeinen Relativitätstheorie einen der Grundpfeiler unseres derzeitigen Verständnisses der Naturgesetze. Die Entwicklungen der letzten Zeit (im Labor ebenso wie in der Kosmologie) haben bestätigt, dass die Quantenbeschreibung der Realität nicht bloß für die atomare Welt Gültigkeit hat, sondern auch auf der Ebene der makroskopischen Dinge, ja sogar auf derjenigen des Universums. Die Quantenphysik sitzt im Herzen dessen, was die natürliche Welt um uns herum bewegt: Kernfusionen in der Sonne, das Rot der Flammen eines Holzfeuers, die Festigkeit des Stuhls, auf dem wir sitzen, das typische Gelb (das auch unsere Städte und Straßen beleuchtet), das entsteht, wenn wir eine Prise Salz ins Feuer werfen, usw.

Ebenso bildet sie die Grundlage für viele technologische Anwendungen, die aus unserer modernen Gesellschaft nicht mehr wegzudenken sind: Laser (und damit: CD, DVD, in Glasfaserkabel integrierte Verstärker für das Internet …), Mikroprozessoren (und damit: Computer, Smartphones, Internet …), Atomuhren (und damit: GPS), Magnetresonanzapparate, usw. Daneben bildet die Quantenphysik die Grundlage der Chemie. Und diese wiederum bestimmt nicht bloß unser gesamtes Alltagsleben, sondern ist auf gewisse Weise sogar verantwortlich dafür, dass es überhaupt Leben gibt (insbesondere aufgrund der Stabilität und der Kodierungsmöglichkeit der DNA-Moleküle). Man sagt sogar, dass die intime Natur der Quantenwelt, bestehend aus kohärenten Superpositionen verschiedener klassischer Realitäten, eine nützliche Rolle für etliche biologische Strukturen spielt: fotosynthetische Rezeptoren, magnetische Rezeptoren gewisser Zugvögel …

Schrödinger, Erwin (1887–1961)

Gleichermaßen angeregt durch Einsteins und de Broglies Arbeiten über die Quantenbeschreibung idealer Gase (die Teilchen- und Wellenaspekte miteinander in Verbindung brachten) und unzufrieden mit dem höchst abstrakten Charakter von Heisenbergs, Borns und Jordans Matrizenmechanik, hatte Schrödinger Ende 1925 die Idee, den von de Broglie eröffneten Weg durch eine partielle Differentialgleichung weiterzuentwickeln, die die zeitliche Entwicklung des untersuchten Systems im Konfigurationsraum durch eine Welle beschrieb, die er $\psi\,(q,\,t)$ nannte. Siehe Schrödingergleichung. In einer Reihe von im Jahre 1926 kurz nacheinander veröffentlichten Artikeln entwickelte er zahlreiche wichtige Konsequenzen, die seine Gleichung nach sich zog. Außerdem zeigte er die Äquivalenz seiner »Wellengleichung« und der »Matrizenmechanik« von Heisenberg, Born und Jordan. Dabei wies er jedoch gleichzeitig auf die bemerkenswerte Tatsache hin, dass die Wellenfunktion $\psi\,(q,\,t)$ nicht ein Ensemble mehrerer Quantenteilchen in Form mehrerer getrennter Wellen beschreibt, die sich unabhängig voneinander im gewöhnlichen dreidimensionalen Raum ausbreiten, sondern dass sie eine einzige Welle beschreibt, die sich im abstrakten Raum aller Konfigurationen der betrachteten Teilchen ausbreitet.

Dieser eigentümliche Charakter, in dem sich die durch die Wellenfunktion beschriebene Realität darstellt, ließ ihn den Rest seines Lebens unbefriedigt. Ebenso wie Einstein war er der Meinung, dass die in seinen Augen »beschwichtigende Philosophie von Heisenberg und Bohr« - das heißt die Kopenhagener Interpretation der Quantentheorie – berechtigte Fragen zur Quantenwirklichkeit offengehalten hat statt sie zu lösen. Siehe Schrödingers Katze.

Schrödingergleichung

Die Schrödingergleichung ist im Wesentlichen eine Anwendung der Planck-Einstein Relation $E = hf$, oder umgekehrt $hf = E$, auf die Entwicklung der Wellenfunktion $\psi\,(q,\,t)$ in der Zeit t und im Raum der Konfigurationsvariablen q. In der Tat kann man sie folgendermaßen darstellen

$$h\hat{f}\,\psi = \hat{E}\,\psi$$

wobei $\hat{f}$ und $\hat{E}$ gewisse Operationen der Wellenfunktion ψ beschreiben. Die Operation $\hat{f}$ wirkt auf ψ wie der »Operator« $\frac{i}{2\pi}\frac{\partial}{\partial t}$ wobei i eine imaginäre Wurzel von -1 und $\frac{\partial}{\partial t}$ die partielle Ableitung nach der Zeit bezeichnet. Diese Operation ist derart definiert, weil f angewendet auf eine monochromatische Welle der Frequenz f [das heißt eine Welle mit Exponentialfaktor $\exp(-2\pi ift)$] ganz einfach das Produkt aus $\hat{f}$ und der betrachteten Welle ergibt. Die Operation $\hat{E}$ erhält man aus der Energie E des betrachteten Systems, ausgedrückt als Funktion der Orte q und

Impulse p, $E = H(p, q)$, und anschließender Ersetzung jedes Impulses p durch die partielle Ableitung nach dem entsprechenden Ort q: $\hat{p} = \frac{i}{2\pi}\frac{\partial}{\partial q}$. Die Operation $\hat{p}$, angewendet auf eine laufende ebene Welle der Wellenlänge λ (das heißt eine Welle mit Exponentialfaktor $\exp(2\pi i q/\lambda)$), ergibt das Produkt aus h/λ und der betrachteten Welle. Da nach Louis de Broglie h/λ gleich dem Impuls p des mit der Welle assoziierten Teilchens ist, ergibt die Operation $\hat{p}\psi$ einfach das Produkt $p\psi$. Infolgedessen ergibt die auf eine ebene Welle angewandte Operation $\hat{E} = H(q, \hat{p})$ das Produkt $E\psi$. Vereinfacht kann man sagen, dass Schrödinger seine Gleichung gefunden hat, indem er ein allgemeines Wellenpaket betrachtete, welches eine Gleichung der linearen Ausbreitung erfüllt und sich damit in ebene monochromatische Wellen zerlegen lässt (»Fourier-Zerlegung«) und anschließend die Einstein-de-Broglie-Relationen $E = hf$, $p = h/\lambda$ auf jedes Element dieser Zerlegung anwendete. Schon im Moment der Entdeckung seiner Gleichung konnte Schrödinger sie erfolgreich auf den Fall des Wasserstoffatoms anwenden [das heißt für ein einzelnes Elektron mit $q = (x, y, z)$, dessen Energie gegeben ist durch die Summe seiner kinetischen Energie $p^2/2m$ und der potentiellen Energie im Feld des zentralen Protons $-e^2/|q|$]. So fand er, dass die einzig möglichen Energiewerte des Wasserstoffatoms mit denjenigen übereinstimmen, die aus dem heuristischen Modell von Bohr folgen.

Schrödingers Katze

Als Beispiel einer von der Quantentheorie getroffenen Vorhersage, die vom klassischen Gesichtspunkt aus absurd erscheint, schilderte Schrödinger 1935 den Fall einer lebendigen Katze, die zusammen mit einer teuflischen Apparatur in eine Kiste gesperrt wird, einer Apparatur, die die Katze im Laufe einer Stunde entweder töten oder nicht töten wird, je nachdem ob in dieser Zeit ein einzelnes radioaktives Atom zerfällt oder nicht. Die Quantentheorie beschreibt den Zustand der Katze nach Ablauf der Stunde durch eine Wellenfunktion Ψ, die einer gleichmäßigen Überlagerung einer Welle $\Psi_{lebendig}$ für die lebendige Katze und einer Welle Ψ_{tot} für die tote Katze entspricht: $\Psi = \Psi_{lebendig} + \Psi_{tot}$. Mit diesem eher beiläufig geäußerten Beispiel wollte Schrödinger darauf aufmerksam machen, dass man sich mit der Unschärfe der Quantenwelt in der mikroskopischen Welt nicht einfach zufrieden geben darf. Im selben Artikel führt Schrödinger den Begriff »**Verschränkung**« ein, um den Typ von Situation zu beschreiben, wie er zuvor von Einstein, Podolsky und Rosen beschrieben worden war (EPR). Lange Zeit galt »Schrödingers Katze« als reines Gedankenexperiment, um den paradoxen Charakter der Beschreibung unserer Wirklichkeit durch die Quantentheorie aufzuzeigen. Vor nicht allzu langer Zeit (1996) gelang es dann jedoch einem französischen Team unter der Leitung von Serge Haroche, Jean-Michel Raimond und Michel Brune,

Experimente in der Art von »Schrödingers Katze« durchzuführen. Als »Katze« diente ihnen ein in einem Hohlraum »gefangenes« elektromagnetisches Feld im Zustand der kohärenten Superposition zwischen zwei makroskopisch unterscheidbaren Zuständen. Dabei konnten sie beobachten, dass es unter der Einwirkung der Umgebung sehr schnell unmöglich wurde, diese kohärente Superposition von einer inkohärenten Superposition zu unterscheiden, bei der jeder makroskopisch unterscheidbare Zustand »sein eigenes Leben führt«, so als existiere er für sich allein. Siehe Dekohärenz.

Schwarzer Körper

In der Thermodynamik stellt ein schwarzer Körper einen idealisierten Körper dar, der jede auftreffende elektromagnetische Strahlung vollständig absorbiert. In der Praxis entspricht einem schwarzen Körper die innere Oberfläche eines Ofens, dessen Wände an einer einzigen Stelle perforiert sind. Alles Licht bzw. die gesamte elektromagnetische Strahlung, die durch dieses Loch ins Innere des Ofens gelangt, wird von den Wandinnenflächen des Ofens völlig absorbiert. Werden die Wände des Ofens auf die Temperatur T erwärmt (so gemessen, dass der Temperatur TC in Grad Celsius die Temperatur $TC + 273,15$ in Kelvin entspricht), stellt sich ein Gleichgewicht zwischen dem Licht im Inneren des Ofens (in Form von Wärmestrahlung) und den Wänden her, die kontinuierlich Licht aufnehmen und ausstrahlen. Im Oktober 1900 fand Planck (ohne eine entsprechende Demonstration) die mathematische Formel, die die Art und Weise beschreibt, in der sich Lichtenergie im Inneren eines Ofens (der Temperatur T) gemäß der Frequenz f (und damit der Farbe) des Lichts verteilt. Diese Formel (»Plancksche Strahlungsformel« genannt) bestätigt, dass die in jedem Kubikzentimeter und jedem Frequenzintervall (sagen wir ein Hertz) vorhandene Energie der Wärmestrahlung gegeben ist durch

$$u_f = \frac{8\pi h}{c^3} f^3 \frac{1}{e^{hf/kT} - 1}$$

mit dem Planckschen Wirkungsquantum h, der Lichtgeschwindigkeit $c = 2,99792458 \times 10^{10}\ cm/s$ sowie der »Boltzmann-Konstante« $k = 1,380649 \times 10^{-16}\ erg/K$, die das Energieäquivalent eines Kelvins bestimmt. Die Kurve fu_f, welche die in jeder Frequenzoktave vorhandene Energie bestimmt, fängt bei Null an (wenn $f = 0$), erreicht ihr Maximum bei $hf/kT = 3,9207$ und fällt für zunehmendes f schnell zu Null ab. Diese Konzentrierung der Verteilung der Wärmestrahlung um die Frequenz $f_{max} = 3,9207\ kT/h$ ist der Grund dafür, dass unsere Sonne (deren Oberflächentemperatur bei etwa $6000\ K$ liegt) uns gelb erscheint, ein Kaminfeuer ($T \approx 1000\ K$) hingegen eher rot (entsprechend seiner niedrigeren Frequenz). Das Farbempfinden des menschlichen Auges hängt sowohl vom Licht-Spektrum des betrachteten Objekts ab, als auch von der Sensibilität der Retina, was die einzelnen Farben anbelangt. Verringerte sich das Planksche Wirkungsquantum nun schlagartig um ein Zehnfaches (und alle anderen Konstanten blieben unverändert), würde ein einfaches Holzfeuer ein tausende Mal intensiveres Licht ausstrahlen und das mit einer zehn Mal höheren Frequenz (das heißt in einem fern-ultravioletten Bereich).

Solvay-Konferenzen

Die Solvay-Konferenzen sind naturwissenschaftliche Kongresse, die Koryphäen eines bestimmten Gebietes versammeln, um miteinander zu diskutieren und die brennenden Fragen des jeweiligen Gebiets voranzubringen. Die erste Solvay-Konferenz fand vom 30. Oktober bis zum 3. November 1911 im Brüsseler Hotel Metropole statt, mit dem Thema: »Die Theorie der Strahlung und Quanten«. Sie wurde von Hendrik Antoon Lorentz geleitet und war die erste internationale Konferenz, an der auch Einstein teilnahm. Eine der für die Entwicklung der Quantentheorie wichtigsten Solvay-Konferenzen war die im Jahr 1927, auf der alle Generationen der Pioniere der Quantenphysik zusammenkamen: von Planck bis Heisenberg, über Einstein, Bohr, Born, de Broglie, Schrödinger, Dirac und Pauli. Die Diskussionen zwischen Bohr und Einstein, die während dieser Konferenz stattfanden, wurden in der Folge immer wieder kommentiert.
Die Solvay-Konferenzen finden nach wie vor im Hotel Metropole und unter der Schirmherrschaft der »Instituts Internationaux Solvay« (für Physik und Chemie) und deren Direktor Marc Henneaux statt, um die Naturwissenschaften – speziell auf dem Gebiet der Physik, der Astrophysik und der Chemie – voranzubringen. Die 25. Solvay-Konferenz von 2011 war diejenige, an der unser Held Bob teilgenommen hat. Ihr Thema lautete: »Theorie der Quantenwelt«.

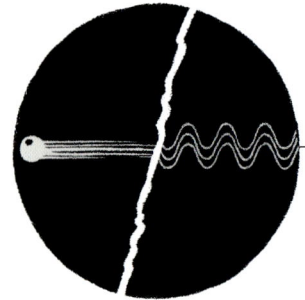

Unschärferelation (oder -prinzip)

1927 begriff Heisenberg im Verlauf eines Aufenthaltes bei Bohr in Kopenhagen (anknüpfend an einen Vorschlag Einsteins), dass die Tatsache, dass die Differenz $[q][p] - [p][q]$ der Produkte der Tabellen nicht null, sondern gleich $ih/(2\pi)$ ist, eine gleichzeitige Messung des Impulses und des Ortes eines Teilchens unmöglich macht und entsprechende Unschärferelationen nach sich zieht. Diese Relationen beziehen sich unter anderem auf die prinzipiellen Ungenauigkeiten Δq und Δp, die einer Messung der Position q und des Impulses p anhaften und besagen, dass ihr Produkt $\Delta q \, \Delta p$ notwendigerweise größer sein muss als $h/(4\pi)$. Bohr schlug vor, dieses mathematisch korrekte Ergebnis Heisenbergs zu interpretieren, und sprach dementsprechend von einer »Komplementarität« zwischen dem Teilchenaspekt (q) und dem Wellenaspekt ($p = h/\lambda$) eines Quantenobjekts.

Wellenfunktion ψ

In der klassischen Physik beschreibt man ein physikalisches System, indem man es durch eine gewisse Anzahl von Konfigurationsvariablen mathematisch darstellt, z. B. durch q. [In diesem Fall steht q für eine lange Folge individueller Variablen. Für ein System aus zwei Teilchen repräsentiert z. B. eine Folge von sechs Variablen: die drei Raumkoordinaten (x_1, y_1, z_1) des ersten Teilchens und die drei Raumkoordinaten (x_2, y_2, z_2) des zweiten.] In der klassischen Physik wird die Entwicklung des Systems in der Zeit, q (t) komplett bestimmt durch die Werte der Konfigurationsvariablen q_0 und ihrer »Geschwindigkeiten« $\dot{q}$ (das heißt ihre Ableitungen nach der Zeit) zu einem gegebenen Anfangszeitpunkt (z. B. $t = 0$). Einfacherweise werden oft die Hamiltonschen Bewegungsgleichungen der klassischen Physik angewandt, bei denen man die Geschwindigkeiten $\dot{q}_0$ durch gewisse »kanonisch konjugierte Impulse« p ersetzt. [Für ein nicht-relativistisches Teilchen ist $p = m\dot{q} = mv$ der gewöhnliche Impuls des Teilchens.] Die Quantenphysik (so wie sie durch Schrödinger formuliert wurde) beschreibt dasselbe physikalische System mithilfe einer komplexen Funktion ψ (q, t), die von q und der Zeit t abhängt und »Wellenfunktion« des Systems genannt wird. Man geht davon aus, dass ψ (q, t), die Wahrscheinlichkeitsamplitude dafür angibt, dass sich das System in der klassischen Konfiguration q befindet.

Mit anderen Worten: Während in der klassischen Physik nur eine einzelne Konfiguration (q) t des Systems zu jedem Zeitpunkt existiert, »existiert« das System in der Quantenphysik zu jedem Zeitpunkt in einer Überlagerung unendlich vieler verschiedener Konfigurationen, wobei jede einzelne dieser Konfigurationen q mit einer gewissen (komplexen) Wahrscheinlichkeitsamplitude ψ (q, t), »existiert«. Eine solche »delokalisierte« Existenz verschiedener klassischer Konfigurationen haben wir in unserer Graphic Novel dadurch wiedergegeben, dass wir mehrere Bilder unterschiedlicher Intensität und Farbigkeit übereinander gedruckt haben (wobei der Betrag ρ der komplexen Zahl $\psi = \rho e^{i\theta}$ die Intensität und die Phase θ die Farbigkeit angibt.). Die Entwicklung der Wellenfunktion ψ (q, t), in der Zeit wird durch die **Schrödingergleichung** bestimmt.

DANK

Mathieu Burniats Dank gilt ganz besonders Jérôme Loreau, dafür, dass er ihm das Tor zur Physik aufgestoßen hat. Darüber hinaus bedankt er sich bei Emma, Nicolas, Anne, Antonia, Tiago und Baudouin für deren liebenswerte Unterstützung.

Thibault Damour ist Bryce DeWitt, Slava Muchanow und Dieter Zeh zu Dank verbunden, für all die erhellenden Diskussionen und Gespräche über die »Viele-Welten«-Interpretation. Sein Dank gilt ebenfalls Charlie Misner und Hale Trotter für deren hilfreiche Informationen (aus erster Hand) über Hugh Everett.

Die Autoren danken von ganzem Herzen Pauline Mermet und dem Team von Dargaud für den Enthusiasmus, mit dem sie dieses Quanten-Abenteuer unterstützt haben.

Ebi Naumann und der Verlag danken Dr. Ferdinand Brennecke für seine fachkundige Unterstützung bei der Übersetzung.

ÜBER DIE AUTOREN

Thibault Damour ist theoretischer Physiker, Professor am Institut des Hautes Études Scientifiques und Mitglied der Pariser Akademie der Wissenschaften. Er ist weltweit bekannt für seine richtungsweisenden Arbeiten über Schwarze Löcher, Pulsare, Gravitationswellen und die Quantenkosmologie. Er wurde vielfach ausgezeichnet, unter anderem mit der renommierten Albert-Einstein-Medaille.

Mathieu Burniat ist Comiczeichner und Autor. Nach seiner ersten Graphic Novel *Shrimp* verfasste er mit *La Passion de Dodin-Bouffant* einen von der Kritik begeistert aufgenommenen Gastro-Comic.

Ebi Naumann ist Kinderbuchautor und Übersetzer, u.a. der Graphic Novels über Bertrand Russell, *Logicomix*, und Richard Feynman, *Feynman*.